我的
秘密花园

花园时光编辑部 编

中国林业出版社
China Forestry Publishing House

总 策 划 ｜ 花也文化工作室
执 行 主 编 ｜ 雪 洁

责任编辑 ｜ 印 芳 邹 爱

中国林业出版社·风景园林分社

出版 ｜ 中国林业出版社
（100009 北京西城区刘海胡同 7 号）
电话 ｜ 010-83143571
发行 ｜ 中国林业出版社
印刷 ｜ 固安县京平诚乾印刷有限公司
版次 ｜ 2020 年 1 月第 1 版
印次 ｜ 2020 年 1 月第 1 次印刷
开本 ｜ 710mm×1000mm 1/16
印张 ｜ 14
字数 ｜ 300 千字
定价 ｜ 68.00 元

图书在版编目（CIP）数据

我的秘密花园 / 花园时光编辑部编. -- 北京：中国林业出版社, 2019.6

ISBN 978-7-5219-0116-0

Ⅰ.①我… Ⅱ.①花… Ⅲ.①旅馆-花园-介绍-中国 ②饭店-花园-介绍-中国 Ⅳ.①F726.92 ②TU986.2

中国版本图书馆CIP数据核字(2019)第125582号

最美的花园

编辑《花也》多辑了，见过各种各样的花园，然而我们认为最美的，却是花友们自己亲手设计和打理的花园。

我曾拜访过这样一家花园。当时深秋已至，花园已经少有盛开的鲜花，小径两边的洋甘菊、虞美人已经凋零；种在大陶盆里的三角梅也开始落叶，太阳能花插在落叶中显得有些落寞；靠墙的一角是一棵高过人头的三角枫，下面散着铲子、手套，还有未施完的肥；向日葵头都低垂着，里面是满满的瓜子；花园的南边有菜地，菜篮子里是刚挖出来的红薯，还粘着泥……主人显然没拿我当客人，边忙乎边招呼我："一会儿请你尝尝核桃，今年刚结的果"，又说，"看看我这棵蓝莓，是从网上淘来的，我得给它搭个支架，不然明年枝条垂下来容易受伤"；"哎哟，差点忘了，晚上要下雨，我得赶紧把这些肉肉们都搬到屋里去"……

这样的花园，是多么不同于那些看上去十全十美、供人坐享其成的花园。没有高端大气的泳池、喷泉，红砖铺装也不显档次，种花的陶盆并精致，也没有像地毯一样的绿茵茵的草坪……但这里弥漫着一种气息，生活的气息，它让人觉得无比亲近和自在。

人之至爱，莫过于自己付诸心血而创立的一事一物。花园也是这样，那些全由设计师、专职园丁包办的花园，花园里常年繁花似锦，主人甚至不曾见过院子里的枯枝落叶，花园的枯荣，与他毫不相干。他的花园是奢华的，但是他对花园的感知力却贫乏至极。虽然生活在花园中，但其实是生活在一个没有花园的住所，他又何曾能体会到花园带来的美？

花园总是和时光相连的，时光包含享受，也蕴涵付出，前者只是低层次的感官刺激，后者才能触及心灵。花园的打理，终究是主人心性的表现。每一个付出真心和汗水的花园，一眼就能看出它的与众不同之处。它的主人，也应该都是像开头这本书里所有的花园主人一样，对园艺"走火入魔"的。

我想，读完这本书，你定会被书中这群可爱又真实的园丁所感染，真正爱上花园的！

《花也》编辑部
2019.10

露台篇

008 016 022 030 036 044 052 060

我和我的屋顶花园
篱笆小筑——我的空中花园
安娜的花园——讲述生活之美
在花园里,做一个幸福的逃兵
一生一座园,时光在花草间流连
我在露台上实现了一个花园梦想
花样男神和他的空中私家花园
把日子搬进露台——记我的糯米花园

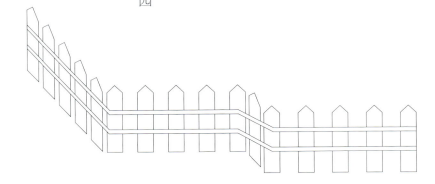

庭院篇

068 让你的花园替你说话梦想，是一种信仰——『耳朵的花园』养成记

076 兰苑——北方的四季花园

082 快乐农妇与小木匠的山居花园生活

090 黑人霖的花园——木艺DIY之路

094 多多的月季花园在江南山间悄然绽放

104 当生活映染芳华——Zoe的小院记事

110 爆盆大王的花花世界

122 我有一座白园 享受四季的清凉

128 生活离不开园艺 做一名都市隐客

132 半夏的花园故事

154 最美不过四月天，王氏杨二姑娘的小院

162 诸草爱好者，享受过程带来的快乐

168 种植爱好者，享受过程带来的快乐

176 在园中修行——走进茉莉花园

184 樱花小院折腾记

190 一载美了你的容颜——记Coco的杂货小院

200 五年时光换来我心中的桑园

208 万花筒里有大千世界，Danny的迷你花园

216 生活都透着花香——成都Yilia的小院

露台篇

把日子搬进露台
——记我的糯米花园

图 | 狗子猪、玛格丽特-颜　**文** | 狗子猪

花园于我和家人已经不止是一个赏花的处所或生活的补充,花园就是日子,就是生活,是心灵寄所,是一起感受幸福。

——狗子猪

(左页)
上图:布满鲜花的餐桌永远是花园的主角。
下图左:重瓣百合开花时,谁也香不过它。
下图中:在睡莲上叠罗汉的龟龟二"人"组。
下图右:是灯缠莲,还是莲缠灯,这是个问题。

园名:糯米花园
主人:狗子猪
面积:100平方米(80+15+5)
坐标:江苏南京
花园介绍
设计之初,我对花园的定位很明确,它应该是一个功能多样的现代风格露台,它要很休闲很酷很亲和;要和我的名字"狗子猪"一样让人雌雄莫辨、记忆深刻、独树一帜,同时还好养活;可远观也可亵玩,有态度有包容,有烟火气息有温度,能与人充分交流融合,总之就是可以在花园里过日子。

我的秘密花园 | 露台篇

（左页）
小糯米每年都非要抱着同一盆洋水仙拍照。

（右页）
左上图：猜猜这颗铁线莲小绿有多少个花苞？
右上图：空调外机打上木栅栏，一样是花园里美丽的存在。
左下图：定制的温莎椅是花园里独特的风景。
右下图：自然风的花园怎么能少得了昆虫屋？

花园就是生活

糯米花园的主人我的女儿小糯米，我是给她打工的花奴，名字也很奴性——"狗子猪"。

入了园艺这个坑后，折腾力度很大。每天撅着屁股在花园里捣鼓，自己公司的业务交由老哥打理，我成了不务正业、玩物丧志的甩手掌柜，基本上业余时间都交给了花园。花园其实是个露台，六跃七复式顶层，朝向西，几乎全日照。规划中除了一米菜园和切花花园，大部分的面积都是休闲活动空间，用来和家人一起享受花园时光，当然还有晒台，晾衣服的空间也是必不可少的。

在我的想象中，花园应该是这样的场景：小糯米在一米菜园里兴奋地数着西红柿又熟了几颗；爷爷认真地拿着老掉牙的傻瓜机正在拍花；奶奶哼着歌忙碌着晾晒衣服和床单，晾衣绳像是露台的五线谱；外公外婆量着尺寸合计着再拉一个月季爬藤网；老公扛着泥炭包累并快乐着；而我，在露台上剪下百合、玫瑰，把自己亲手种的花插到花瓶里，心满意足；一旁的池塘里，还有几个小乌龟在抢夺地盘、懒懒地晒着太阳……

如今，这一切已经不是想象，而是在我的糯米花园里真实地上演，当然除了老公扛泥炭的表情不

左页图：黑色的夜皇后和黄色的软垫形成了花园经典的黑黄配。
右页图：休闲区布局在花园最核心的位置，人才是花园的主角。

太美丽之外。每周我还会给小糯米上园艺课，从扦插到拌土到授粉，再到捕捉柠檬树上的毛毛虫观察化蝶，培养她对大自然的观察力和兴趣。

花园于我和家人已经不止是一个赏花的处所或生活的补充，花园就是日子，就是生活，是心灵寄所，是一起感受幸福。

花虽美，但是撑起一个花园筋骨的并不是花，而是各类绿植。它们比花草更稳定、低维护也更耐看，搭配得当比花朵还美。我们要的不仅仅是春季的花园，而是四季的花园。植物品种多样化，每个季节都要有能接力的品种，四季轮番上演各自的精彩。那年的夏天，在南京连续一个月的40℃高温下，糯米花园依然郁郁葱葱，大量的热带植物风生水起，松果菊、美人蕉、百子莲、三角梅、蓝雪花、嘉兰也竞相打起了擂台。糯米花园还在不断地调整中，计划是把花卉和绿植的比例从6：4调整到5：5，甚至4：6，降低维护的工作量。我们应该成为花园的主人，而不是花园做我们的主人。花并不是花园的主角，人才是。

自然真实，只为取悦自己

糯米花园还是一个新园子，有很多不完美不精致的地方：比如横七竖八的晾衣绳，杂乱的工具杂货和花盆；比如花卉太多打理得不够精细，花园有点野。以前每次有花友来参观，我都忙着藏东西，各种伪装、各种摆拍，粉饰太平。现在的我却越来越喜欢花园自然真实的样子，不会刻意遮掩，你来看到的花园就是它本来的模样。

（左页）
一个功能齐全的花园少不了水槽和遮阳顶棚。

（右页）
上图：杂货是夕阳里跳动的音符。
下图：每座花园都是花痴心中的乌托邦。

看到微博花友说的一句话很喜欢：最好的庭院是用一种拙朴的方式体现出精致的自然趣味。我的性格也是这样，没有强迫症，喜欢舒服自然，不执着于形式，只尊崇内心取悦自己。我希望别人看到我的园子也能感到亲切舒服不拘束。

切花花园

切花花园则是无意为之，当时设计时完全不懂种植，露台外圈的花坛宽度只留了20厘米，冠幅大的植物完全种不了，所以只能种一些直立株型的花草和球根，如百合、唐菖蒲、鸢尾、大花飞燕草、毛地黄之类的，却收获了一个可以为家里不断提供瓶插鲜花的切花花园。

狗子猪的花园秘笈

1. 月季、铁线莲、绣球这三大家族绝对是花园的主力，作为新人要迅速入门就得多买多种多实践。疯狂如我，短短的一年多时间里共计种了100多棵月季，70多种铁线莲和40多棵绣球，当然还有不计其数的草花和球根。
2. 对于花境搭配，我比较偏爱白绿色系和性冷风，姹紫嫣红只是点缀。
3. 盆器基本都是红陶盆和水泥盆，普通花卉种植主要是百搭轻便的黑色塑料盆。

本园获得2017虹越铁线莲比美大赛冠军

我的秘密花园 ｜露台篇

主人：颜峰
面积：100 平方米
坐标：广东珠海
花园介绍
颜峰的花园位于珠海人民路边的中段，是一个 100 平方米的露台，高高的凉亭边盛放着火红的簕杜鹃。

花样男神和他的空中私家花园

图｜颜峰　文｜潇洒姐

我希望，在不久的将来，珠海人可以家家都像欧洲一样，家里、窗台、街道都种上了鲜花，所有公园、绿地、家中都变成花的海洋！

——颜峰

露台上高高的簕杜鹃最为耀眼。

像颜峰这样爱花、护花、赏花的男人实在不多,堪称"骨灰级"的花迷,而且他本人热情洋溢,超有人格魅力。因此得了一个绰号"花样男神"。

我的秘密花园 | 露台篇

左页图：阳光是鲜花最好的化妆师。
右页图：遮阳藤架下的惬意时光。

近几年，在忙碌的工作之余，颜峰和太太每年都会策划一两次欧洲深度游，脚步踏遍了大部分欧洲国家。

颜峰喜欢希腊花园风格中的蓝白相间，还喜欢橘黄的土陶罐里种满的五颜六色的草花，街道两旁的窗台、路边庭院都开满鲜花……

他还喜欢法式花园的白色调子和典雅图案的铁艺门，和大片的鲜花和谐搭配，透着法国人骨子里的浪漫和优雅。而西班牙式的花园里有精美图案的铁艺、石材和铺装，也令他相当着迷。英式花园中略带沧桑历史感的古老砖石、青苔，在很多娇艳花朵的映衬下，透过重重光影在摇曳，那些斑驳感使花园生动而明艳起来，一柔一暗，一软一硬，这样分明的对比显得花园格外有生气，可以想象当年花园主人的生活场景，似乎能嗅到浪漫气息。

颜峰策划过被誉为人间最美丽的"彩色岛"意大利威尼斯布拉诺岛的旅行，那些高低错落、层次分明的各色房子在阳光、沙滩下显得格外美丽，姹紫嫣红的鲜花在岛上竞相开放，形成了一条条五彩花带，人在此中游走，犹如走进了迷人的仙境。游人们情不自禁地欢呼："我怎么会在这么美丽的地方？真是用语言也无法形容啊！"

欧洲小镇的花园给他留下深刻印象，奥地利的音乐之声花园，造型大气优雅，那些音乐主题的雕塑、喷泉和特别设计的粉色音符花境更是别具特色。

从爱花、爱家、爱花园旅游到设计自己的空中花园，颜峰对花园的感觉越来越痴迷。

打造自家特点的空中花园

欧洲花园游归来的激情坚定了他把居住的顶楼复式带露台住宅的屋顶设计成"空中花园"的决心，他被这念头激发了无限的创意，看了许多花园设计书，借鉴了国外花园的一些案例，亲自画图、设计、施工、搭配不同层次的绿色植物和一年四季相继盛开的鲜花，无论是花园的设计还是植物的选择，都可以看出颜峰倾注了非常多的心力。

他用文化石搭砌成错落图案的墙体；用鹅卵石和地砖铺砌花园路面；休憩区旁边，设计了欧式的喷泉水景和高高的遮阳藤架，中间放置了蓝色的休闲木桌椅。喷水池循环水通过雕塑潺潺流入下面的鱼池中，彩色的鱼儿在欢快地畅游。错落有致、层次丰富的花草植物，极大扩充了花园的色彩。

他慢慢摸索，居然种上了铁线莲、特蕾莎、蓝雪花这些在珠海罕见的植物，现在花园四季都有鲜花盛开，簕杜鹃、绣球花、软枝黄蝉、连翘花、紫薇、迎春、水竹、太阳花、玫瑰、茶花、海棠花、三色堇、玉露等等。

后来，又陆续种上了蔬果：木瓜、杨桃、青枣、秋葵、菜薹等，园子的葱花都开得格外娇艳，大部分蔬菜都可以自给自足。颜峰还设置了自动灌溉系统自动喷淋花草，鱼池也是一个良好的生态循环系统。他把花园游历得来的经验应用于自家花园。

花了半年多的时间，终于打造了属于自己的"空中花园"。在珠海人民路的中段，那个开满鲜花，最漂亮的屋顶就是颜峰的家。

左页图：高低错落的美丽。
右页图：猫咪也想来一杯。

其乐融融的美好花园生活

有了空中花园，颜峰全家人在余暇时光经常聚在花园里喝茶、品酒、聊天，晚餐也常常在花园里吃，亲情更温馨。邻居在他的影响下也爱上了花园，颜峰经常分享种苗给他们，盛开着蓝雪花、爬山虎的墙也成为与邻居家共享的美丽景色。

朋友们也常来他家做客，他会备好香茶，惬意地和朋友们分享外出旅游的美片和感受。他也曾多次组织朋友们去欧洲进行深度花园之旅，朋友们都喜欢跟随他的脚步去领略花园美景。

颜峰最喜欢的花还是珠海的市花——火红的簕杜鹃。他的空中花园最醒目的就是那一簇簇娇艳的簕杜鹃，美不胜收，让花园充满蓬勃生机，日子也更加兴旺发达。

颜峰希望，在不久的将来，珠海人可以家家都像欧洲一样，家里、窗台、街道都种上了鲜花，所有公园、绿地、家中都变成花的海洋，珠海这个宜居的城市园林环境就更美了！

本园连续获得过两届珠海香洲区美丽阳台大赛一等奖
园主曾获得了2015年度"中国好游客"称号

我的秘密花园 | 露台篇

主人：鞋带散了
面积：约100平方米
坐标：浙江乐清
花园介绍
露台面积不到100平方米，南西北三面通透，东面南半部分靠墙，北半部分连着紫藤架，也就是露台的入口，通风良好且光照非常充沛。小小的露台不仅仅是花草争艳的舞台，更是我培育最爱的铃铛铁线莲的场所。

我在露台上实现了一个花园梦想

图文 | 鞋带散了

竹篱笆圈起了我的园艺梦。

每一个花痴都有一个花园梦，而今露台已然成为我梦想的开端，成为我的小小花园，播种于此，挥汗于此，收获于此，欢笑于此，看四季变换于此，如果这就是园艺，那我就是园丁。

——鞋带散了

小时候，家里前院墙头有一盆太阳花，后院角落有一丛美人蕉，花开的季节，每天都会爬到墙头数一数开了几种颜色的太阳花，亦或跑到后院摘一朵美人蕉吮一吮甜甜的花蜜，乐此不彼。那时候没有太多梦想，脑海里自然也没有花园的概念，但依然因为花草给童年增添了一份简单快乐。

我的秘密花园 | 露台篇

一桌多肉，秀色可餐，美哉！

被激起的初梦，一发不可收拾

婚后，跟随先生回到他的家乡生活，住进了现在这个顶楼的家，那时候楼顶露台一片空白。

2007 年，考虑到夏天楼顶晒得厉害以至于家里特别热，就请人做绿化，铺了草坪和鹅卵石小径，搭了水泥柱的紫藤架，还在西南角砌了一个三角形的水池。

真正开始养花是在 2009 年的春天，过着米虫生活的我偶然逛论坛看到了铁线莲以及花坛前辈们的花园美照，就好像突然被什么击中了神经中枢，随即便一发不可收拾地做一个关于园艺的梦。论坛、淘宝、QQ 群……盆、土、肥、药、苗……一个闲人突然就忙碌起来了。因为做绿化的时候没有砌花坛，起初所有的花草都只能盆栽，而且花盆直接放草坪上又很容易爬虫子进去，大大小小上百个花盆，闹心的事情真不少。

略有停滞，仍心向往之

　　2010年是花草荒废的一年，为了一个小生命的顺利降临，我辗转住过很多地方，自然也顾及不到露台上的花花草草，只得嘱咐家人帮忙浇浇水，真可谓"身虽不至，心向往之……"。待我"重获自由"已是秋冬时节，露台上郁郁葱葱一片片，不是花草丰盈，而是杂草丛生，草皮里的杂草和土层里的杂草以强大的基因优势占据了大片地盘。

　　身体尚未恢复的我只能望草兴叹，两个孩子成了我的生活重头戏，打理花草的时间少之又少，但是热爱园艺的心还是没有改变。

蓝色背景下萌萌的多肉，宁静地定格，瞬间治愈……

破土改造，搭出梦想里的模样

2013年初，我决定改造露台。露台面积不到100平方米，南西北三面通透，东面南半部分靠墙，北半部分连着紫藤架，也就是露台的入口，通风良好且光照非常充沛。由于春天的江南雨季很长，雨季之后很快进入炎炎酷暑，露台改造的计划不得不延后。

十月份已然秋高气爽，正是时候。改造第一步是粉刷墙面，我选择了奶黄色的外墙漆，把四面高矮墙体刷了两遍，扎扎实实做了一回粉刷匠。待油漆全干，便请人在东南角靠墙位置掀了草坪，搭建了一个约20平方米的阳光房，同时在靠北面围墙掀了草坪，砌了一溜宽度约为50厘米的花坛，至此露台改造土建工程告一段落。随后，花坛里靠墙一面安装了竹篱笆，露台上鹅卵石铺就的空地放上了防腐木桌椅，西侧矮围墙下安置了防腐木花架……

一个个冬日午后的阳光下，我在花坛里种下月季、铁线莲、玛格丽特、矮牵牛、熏衣草等等，防腐木桌上摆上钟爱的多肉盆栽，水池里栽入睡莲，花架上各种花盆也找到了自己的位置……仿佛一切就绪，只待春天，便可一片盎然。而在充满期待的冬日里，再没有比坐在阳光房里，喝着茶，看着书，偶尔起身巡视一下露台上的花花草草更幸福的事了。

左页图：池边的"观众"静静地等候着池中的睡莲美丽绽放……
右页图：旧竹篓、红陶罐、铁皮筒……花器也可以信手拈来，五花八门，只要令你心生欢喜。

开爆了的铁线莲绿玉，边上的塞尚也要加油哦！

摸索花开花落的点滴

2014年的春天第一次收到露台改造的小小成绩单，有预想到的美丽，也有意料外的失误，有自我摸索试验的成功，也有照顾不周未出效果的遗憾。四五月份是露台最美的季节，月季、铁线莲相继盛花，各类草花也缤纷不绝，恍惚间仿佛置身花的海洋。朋友们到访，赞不绝口，夸得我心里美美的，意想不到的是当地媒体记者来访，令我慌张又惊喜。欣喜之余，也发现很多问题，花坛里花草品种太过繁杂，铁线莲和月季的搭配效果不佳，对植株长势估计错误，支撑架子过高或者过矮，空间利用不到位以至于缺少层次感……我又有了努力的方向。

小小的露台不仅仅是花草争艳的舞台，更是我培育最爱的铃铛铁线莲的场所。自从2012年第一次接触德系壶型铁线莲，也就是花友们常说的铃铛，我对这些可爱的小精灵就喜爱的一发不可收拾。有幸得到几个经典的品种后，2013年我尝试着培育实生苗，可喜的是第一次播种就非常顺利，第二年就有部分开花。虽然过程枯燥，耗时漫长，但是看着自己培育的小铃铛摇曳风中，心里自是满足又欣慰。我越来越喜欢待在露台上，拔拔野草，捡捡落叶，变换花盆的位置，挪移桌椅的方向，有时候会傻傻地伫立在露台，望着一叶一花，可以什么都不想，也可以让思绪天马行空，甚至雨天撑着伞站着看看雨水滴落在枝叶又纵身跃入草地，仿佛在看一场场来不及说再见的擦身而过。兴致好的时候，我会动手DIY，给看腻味的花盆换个颜色，或者喷绘一个欢迎牌，或者给植物做一个特殊的造型……

上图：小桃子才是妈妈最爱的花朵，即使时光令你长大，妈妈记忆里始终有你这一帧的可爱模样。
下图：假山上的马齿苋是野生的，放一盆蛛丝卷绢与君作伴，如何？

心如初始，露台花园梦成真

  我也喜欢带孩子们到露台一边说说笑笑，一边做点花事，有时候孩子们会委屈地问："妈妈，你总是在楼上，到底你是更爱花花还是更爱我们呢？"我哈哈大笑，紧紧搂住他们，其实孩子们都不知道，你们才是妈妈最爱的花儿呢！

  每一个花痴都有一个花园梦，而今露台已然成为我梦想的开端，成为我的小小花园，播种于此，挥汗于此，收获于此，欢笑于此，看四季变换于此，如果这就是园艺，那我就是园丁，每一个园丁都知道，园艺之道犹如幸福之道，没有捷径，只有经营。

我的秘密花园 | 露台篇

园名：桦的花园
主人：桦
面积：88平方米
坐标：四川成都

花园介绍
当我拥有这个露台之初，对于这小小的露台布置曾有过无数的设想，最后被一张美图瞬间打动了，画面中一个红彤彤地燃烧着炉火的壁炉，几张软椅随意地摆放在四周，壁炉上错落有致地摆放着开满鲜花的盆栽。那一刻，我对自己说，我要的就是这样的壁炉，就是这样的花园。

从花园的功能来说，或许我更喜欢壁炉区域吧，这里几乎是我的私人领地，最喜欢在这里消磨时光。
一杯咖啡，让思绪飞扬，随意写些东西，耳边是轻柔的音乐。抬眼望去，花园里无尽夏已经长成了一片……

——桦

一生一座园，
时光在花草间流连

图文 | 桦

我的露台花园位于成都市郊顶楼，约88平方米，上下两层，大体可以分为三个部分，下层露台做了花园，靠近房间出门的位置是个户外餐厅；再过去，一旁的玻璃顶下是壁炉休息区，做了抬高的木平台；通过曲折的楼梯可以走到上层的平台，是为我和家人、朋友聚会准备的阳光房。

右页图：被花草环绕的沙发区在春天百花盛放；夏天绿叶成阴；秋天秋菊傲霜；冬天和亲朋们围炉夜话。

我的秘密花园 | 露台篇

左页图：龙沙宝石盛开，是一年中最迷人的时节。
右页图：初春是属于种球的，可爱的葡萄风信子是非常好的组盆材料。

底层的露台约55平方米，刚搬家的时候觉得不小，足够我折腾的了。可是还不到一年它就被填满了，月季、天竺葵、绣球、矾根、蕨类……花盆也是密密匝匝、层层叠叠地摆满了整个露台。虽然刚有露台的时候种花还是新手，不过每入手一种新植物前，我都会先搜索它的生长习性和养护要点，所以每一种植物在我的手里都长得非常好。最爱的还是月季，那多彩的颜色、婀娜的姿态、超长的花期，总能带给我层出不穷的惊喜，令人无法抗拒，最多的时候露台上有200多棵月季。随着花草越种越多，花园越来越满，这时候眼睛开始盯上了某宝上那琳琅满目的花园杂货，想着怎么可以用这些美物来让我的花园更加丰满、美丽。喜欢法式乡村那种旧旧的、随意的感觉，于是，各种Zakka风的花架、凳子、桌子、铁皮罐子等，陆陆续续地粉墨登场。这样一来盆盆罐罐有地儿放了，花园的层次也出来了，一举多得。当然对于一个疯狂的花痴来说，这远远不够，凡是能想到的空间全部都要被利用起来：围墙、栏杆、窗户、外墙，甚至是花园上空也不能放过。

当然，我的花园并不需要种满植物，它更是生活的空间，是家人在一起拥有快乐的园艺时光的场所。所以在花园里，我特地摆放了一张宽大的长条餐桌，喜欢在阳光明媚的早晨为先生和两个孩子做一顿美美的早餐，听清晨的小鸟啾啾欢唱；为朋友闺蜜们准备一份在鲜花丛中的下午茶，或者就在花园里剪下花儿插在瓶子里，给自己一份美好的心情。未来还计划把这里改建成一个阳光餐厅，这样，简单的烘焙料理可以和家人孩子们一起在花园里操作。

我的秘密花园 | 露台篇

（左页）
左图：最爱的玫瑰：威基伍德。
右图：靠墙的位置光照不理想，正好适合喜阴的植物。

（右页）
生活需要仪式感，家庭的幸福感很大部分来自于仪式感，花点小心思给家人和孩子一点小惊喜。

　　二楼阳光房已建设完工，因为有些花草夏天需要挡雨遮阴的空间，同时也可以增加户外功能性的活动空间，于是阳光房就有了它出现的理由。这里是我和家人、朋友聚会的地方，宽大的长桌能够摆下足够的美味佳肴；舒适的长椅可供我与闺蜜尽情私话闲聊；一个人的时候躺在上面天马行空的遐想也是美事；它还给工具们提供了一个挡风遮雨的去处。我想，喜欢种花的人总有那么一点点情怀，想要在花前煮一壶茶或端一杯咖啡，看花开花落，听细雨霏霏、风声瑟瑟，可以舒舒服服地窝在椅子里听着音乐看一下午的书，或跟几位友人聊聊风花雪月，忘却时光。

　　这个露台给我带来的不仅仅是美丽的花园，更重要是它彻底改变了我的生活方式。曾经也是个经常窝在电脑前的宅女，晚睡晚起，身体状况变得更差。然而有了花园后生活作息也改变了，每天一早起来到花园里劳作，为家人做一顿美美的早餐；看着灿烂的花儿们，还爱上了摄影，也喜欢和闺蜜们一起在家里喝下午茶，谈天说地；孩子们在花园里帮妈妈干活，每次看到蝴蝶或蚯蚓的时候都会兴奋地大叫，他们还喜欢在这里看书玩游戏。曾经对家、对温馨生活的梦想在这个花园里都成了现实。

　　周末的午后，冬日的阳光温暖着，孩子们坐在露台上欢声笑语，一旁是怒放的瓜叶菊和角堇，还有兰花飘来的幽香。我想起刚拥有露台花园的忙碌，我想起第一年月季盛开时的欢喜，感恩着拥有这个小小的露台，它开启了我的花园梦，就像魔法师开启了美妙魔盒，一发不可收拾，彻底改变了我的生活，从此一生一座园，灿烂、温馨而孜孜不倦。

桦的冬日花园秘笈

冬日花园可以色彩斑斓、可以温馨浪漫，但绝不允许萧条破败。

1. 想要冬天的花园不萧瑟其实不难，去花市转转，搬几盆花开正好的盆栽回家，花园立即就能生动起来。冬天里开花的植物还是蛮多的，角堇、三色堇、瓜叶菊、长寿花还有大花蕙兰等。
2. 薰衣草和迷迭香也是四季常绿的，特别是薰衣草，花很美叶片也好看。而菊花能从秋天一直开到冬天。然而想要一个不一样的冬日花园，就需要我们精心的布置、细心的挑选。
3. 开花植物固然重要，四季常绿的观叶草类，灌木等更是不可缺少的。香柏、皮秋柏、月桂、千叶吊兰、常春藤、薹草、麦冬、各种蕨类，还有矾根，都是不错的选择。
4. 当然冬天的花园里多肉也是主角之一。

我的秘密花园 ｜露台篇

主人：幸福的逃兵
面积：130平方米
地点：四川成都
花园介绍

露台花园分为上下两层。从一楼厨房向外的空间主要为盆栽区，沿着通往屋顶的楼梯定做了花池，楼梯区域通过垂直空间概念的设计被巧妙地利用。

"幸福就是清晨在露台花园里剪下几枝玫瑰，看朝阳透过花柱照在白晶菊露珠上的晶莹；是黄昏坐在阳光房里，捧着茶看小鸟在枝头叽叽喳喳；是和朋友们一起做手工、做美食，行走在花丛间。"

——幸福的逃兵

阳光房外侧的木制网格上攀爬的藤月印象派长成了一道天然的绿色屏障；爷爷传下来的老式沙发、自制的杂货架、背景墙、老门板茶桌以及曲线优美的铁艺摆件使这个空间充满了生活的气息。

在花园里，做一个幸福的逃兵

图｜幸福的逃兵、玛格丽特-颜　文｜幸福的逃兵

我的秘密花园 | 露台篇

花池入口处的拱门花架上开放着黄金庆典和玛格丽特王妃,拱门和弯曲的碎石子路相连,颇有"曲径通幽"之感。

伏笔花园梦

主人"幸福的逃兵"是一个布艺爱好者,我们喜欢叫她"幸福",花园是她的休闲方式。对美好的追求,以及对美的欣赏是相通的,比如做漂亮的手工,将收集的各种器皿挂在阳光房的墙上,感受一段温润的时光。比如亲手规划自己的花园,种上喜欢的植物,四季都有花儿盛放。幸福说:"对园艺的喜爱源于儿时和爷爷奶奶一起生活的那一段日子。"在幸福的印象里,奶奶酷爱种花,不大的阳台上摆满了她种的君子兰、朱顶红(俗称炮打四门)、天竺葵、茉莉、栀子花、太阳花、菊花、倒挂金钟以及许多年宵花。虽然只是些寻常种类,奶奶却养得很好,一年四季阳台都花团锦簇,引得邻居一番艳羡。

在生活物资极度匮乏的年代,养花算得上是一种奢侈的爱好。其实不管生活如何,都不要止步对美的追求。而那种对美的热情和追求,才是深埋在幸福心里的那粒种子。在购置了带屋顶花园的老房子后,幸福心中的花园梦离现实更近了一步。这是一套位于老小区顶层的房子,带有屋顶露台。在拿到房门钥匙的那一刻,幸福忍不住开始想象楼上楼下开满花儿时的模样。她开始泡各种园艺论坛,学习造园和养花知识,狂啃园艺书籍,研究不同植物的生长习性。幸福说:"我想要亲手规划我的花园,我想让它四季花开不断。"

上图：原本的鱼池变身成花池，小天使手捧花盆温柔守护着满池的月季，后面的白色网格上牵引着几株铁线莲，使原本大面积空白的墙体也生动起来。
下图：主人手工制作的蓝色盘架上陈列着色彩浓郁、花纹繁复的装饰盘，垂吊而下的藤蔓植物随风摇曳，这一角充满了浓厚的异域风情。

花园建设之路

整个第一年我都在忙着改造旧花园：移除前任房主留下来的果树，重新做防水、修葺花池、埋木围篱、拉网格隔断、造花箱、搭廊架、改良土壤……基建完成了，如何搭配花草成了另一个让我头疼的大问题。

我想要一堵壮观的玫瑰花墙，我想要高高的玫瑰花柱，我想要三角梅花铺满屋顶，我还想要四季次第开放各种草花。该选择什么样的品种？搭配什么样的颜色？种在什么样的位置呢？我在图纸上画了又擦，擦了又画，始终定不下最终的方案。

于是，第二年春天，我只在花池里撒下了一片野花种子和一片向日葵种子。同很多初涉园艺的小白一样，那年夏天，我的花园里开放着一片金黄的向日葵，又一片五颜六色的野花。秋天到了，花园的设计也定稿了，它应该是一个以月季和各类宿根植物为主打的花园。我种下了'安吉拉''龙沙宝石''玛格丽特王妃''黄金庆典''瓦里提'……种下了无尽夏、百子莲、松果菊、熏衣草、大丽花……

转眼间，我的小花园一天比一天接近我心中的模样：我终于有了一堵长长的粉红的'安吉拉'花墙，我的小木屋外面缀满了熠熠生辉的'龙沙宝石'，厨房外墙上满是明黄色花朵的温柔的'玛格丽特王妃'，花池里的'瓦里提'已然长成巨大的花柱，'黄金庆典'悄悄爬满了拱门，屋顶的三角梅花开成海，各类宿根植物欣欣向荣……

园艺之路没有尽头。我的花园之梦也依然在继续。

（左页）

左图：捡来的砂锅钻上孔，画上主人心爱猫咪的脸谱，成为组合盆栽的容器。

右图：爆盆的百万小铃弱化了老旧楼房的背景，让人眼前一亮。

（右页）

法国月季'瓦里提'被牵引成高度2.5米的巨大花柱，盛花时满柱色彩梦幻的花朵惊艳了春日。

充分利用空间

屋顶露台分为两层，都是不规则的L形，设计有难度，同时却也增加了空间的立体感。

从一楼厨房向外的空间主要为盆栽区，沿着通往屋顶的楼梯定做了花池，楼梯区域通过垂直空间概念的设计被巧妙地利用。

在楼梯的入口处，即两堵墙间不大的空间，幸福设计了一个半封闭式的阳光房，摆上桌椅沙发，供家人朋友休闲娱乐，地面铺设木平台，分区的同时也让活动区域更加温馨。靠房子的墙壁采用防腐木贴饰，方便植物和自制布艺作品的悬挂与展示。另一面墙做留白处理，配合沙发茶几的布置。在北侧靠近种植区的位置幸福设计了隔板架，收集的杂货就有地方摆了。

底层区域还有一处朝北的空间，布置了喜阴植物，万万没想到欧洲月季在此生长得很好，网格隔断墙上开满了花。沿着楼梯向上到达屋顶露台，面积不大，呈L形。幸福用木栅栏隔出花坛区域，中间预留一条弯曲的小路，规避了L形空间的局促感，开辟空间自由地布置出错落的花境。在入口设置拱门，拐角处布置花柱，外侧设计花墙，给幸福最爱的欧洲月季制造露脸的机会。不忘享福的幸福还要计划好户外家具的摆放空间，桌椅板凳，一应俱全。

屋顶花园的"前身"是普通的民宅屋顶，和邻居家屋顶相通，但由于多数邻居没有利用屋顶的意愿，幸福走运地跨越栏杆，将空闲的屋顶平台"划归己有"，扩张种花版图。多肉植物和新播的小苗也会暂放在那里，绝不浪费一分一厘地。

我的秘密花园 | 露台篇

摘几朵花儿瓶插，摆上几碟主人亲手制作的零食，与友人把酒言花，妙不可言！

花园里的主打植物

1. 藤本月季'黄金庆典'1992年由英国的大卫·奥斯汀培育而来,为纪念英国伊丽莎白女王登基四十周年而得名。'黄金庆典'属四季开花品种,花期集中在4~6月,其余时段零星开放。抗病性好,花大(花径可达12厘米)、花艳(金黄色的花朵艳丽异常且不褪色)、花形好看(杯状花形,花瓣55~75片,包裹感强)、花量大、伴有浓香(香味在所有藤本月季品种当中属一属二)、种植简单。
2. 藤本月季'瓦里提'为法国品种,四季开花,花期集中在4~6月,其余时段零星开放。抗病性好,植株强健。花大(花径可达12厘米)、波浪边,花色呈现梦幻般的鲑粉色。
3. 三角梅'安格斯'为三角梅中的常见品种,开紫色花,花期4~11月,耐旱抗病,但不耐寒。花量大,花期长,种植简单。
4. 大花滨菊为多年生宿根植物,自播性强,极易种植。株高40~100厘米,花期4~7月。花朵大,花期长,瓶插能维持两周不败。
5. 木绣球'粉团荚蒾'原产于日本,5~6月开花,花呈小轮状、聚伞花序,树姿舒展。开花时白花满树,犹如积雪压枝,十分美观。喜光照,略耐阴,性强健,但耐寒性不强,萌芽力和萌蘖力较强,耐修剪。
6. 松果菊为多年生草本植物,因头状花序很像松果而得名,生长健壮。植株高60~120厘米,花期6~9月。

幸福的逃兵的花园秘笈

无处不在的小心思

a. 每当有朋友到来,幸福就会亲自下厨,做好多美食,真正的花园生活不止是种花种草,还有坐下来,看花开。

b. 橄榄绿的杂货柜也是幸福的手作,她特别喜欢顶上的花边装饰。

c. 在捡回来的砂锅上绘制图案,马上就有了些异域风情。这样的手工在花园里还有很多,花园里处处透着心思。

园名：安娜的花园
主人：安娜
面积：130 平方米
地点：广东珠海
花园介绍
我在花园里营造了大小功能不同的 3 个休闲空间，满足了家人和朋友们小聚的需求。并且给焕然一新的露台花园起了个名字叫"安娜的花园"。

一辈子不长，把时间浪费在美好的事物上，建一个属于自己的花园，像植物那样生活，自由快乐，不争不抢，安静平和。

——安娜

安娜的花园
——讲述生活之美

图 | 玛格丽特-颜　文 | 安娜

一直梦想着拥有一个属于自己的小花园，自然、阳光、花草、流水、风……

左页图：妙趣横生的肉肉们。

我的秘密花园 | 露台篇

（左页）
竹篱下的摇椅。

（右页）
左上图：茶歇时光。
右上图：缀珠帘。
左下图：读书的猫儿母子。
右下图：花园一隅。

　　曾记得多年前第一眼看见这个房子空旷的露台那一瞬间，就被这个令人充满幻想的地方深深吸引住了。或许，正是这个原因，让我毫不犹豫地把家搬到了这里。尽管有好些年，因为孩子们上学太远不能常住，曾经美丽的花园、流水、鱼池也渐渐失去了原有的生机。可是在心底，对花园的憧憬和留恋始终未曾改变。

　　随着孩子们的长大、远行，终于又回到了这个心心念念的家，开始了露台花园的翻修重建。刚开始的时候，还只是局限于随心所欲地买和摆，还开辟了一大块菜地，不停地折腾和更换，不过我心中那个"采菊东篱下，悠然见南山"的自给自足的田园生活也渐渐开始了它的篇章。

　　当然，田园生活也伴随着无尽的艰辛和烦恼。

辛苦播下的种子，小苗还未长大成熟，就被虫子吃了个精光。经常在漆黑的夜晚，和家人一起拿着手电筒去露台上抓虫子和蜗牛，最多的一个晚上竟然能抓上上百只。白天，还会有很多不请自来的小鸟偷吃小菜园里的西红柿、青瓜、鸡蛋果等，即使扎上好几个"稻草人"，仍然挡不住它们对美食的虎视眈眈。好吧，且把和虫子鸟儿的食物争夺当做是一种乐趣吧。值得欣慰的是，每年的三月，菜园里油菜花热情地盛开，足不出户就可以赏到一片金灿灿的耀眼。

2015年的五月，有幸参观了"喜悦珠海"举办了第一届美丽阳台大赛的一等奖获得者"花样男神-颜峰"的私家露台花园，对我的触动很大，也就是从那时候起，又萌发了对自家花园改造的冲动，花园怎么能只是个菜园呢？

说干就干。先把露台上的不锈钢花架找人拆除，换上了高品质芬兰防腐木的花架，种上了爬藤植物炮仗花；地面铺上了质感厚重的木地板；并在露台中央搭建了一个防雨防晒的花亭。西面的墙壁上也钉上了更贴近自然的防腐木板。挂上饰品与绿植后，整个花园的品位与质感立刻有了提升。改建的同时，我也在花园里营造了大小功能不同的3个休闲空间，满足了家人和朋友们小聚的需求。我开心地给焕然一新的露台花园起了个名字叫"安娜的花园"。

（左页）
四季如春的花墙。

（右页）
左图：球兰盛开。
右图：墙上的黑板记录着我的心情。

我的秘密花园 | 露台篇

天使散花。

花园经过改造后，我参加了第二届美丽阳台大赛，意外地获得了露台组"最佳花园"的荣誉，这让我备受鼓舞。特别是跟着其他获奖的花友从上海花园之旅归来，让我对花园有了更新的想法。从此，更是乐此不疲地把心思都放在了花园的整改和完善上。这一年，我根据自己的喜好和珠海气候的特点，更换和补种了几棵三角梅、蓝雪花、球兰、花荷、栀子花和露薇花，还有最喜欢的竹子等，并且开辟了一个迷你的多肉植物园。为了给我可爱的肉肉们一个舒服的生长环境，我选择了阳光、通风都非常好的东南角，而且全部换上了透气性好的陶盆陶器，自己搭配，组合出各种意境不同的肉肉作品，看着它们慢慢地成长、开花、变色……为了丰富晚间的生活方式，我还和几个朋友一起，在花园的凉亭里安装了中式吊灯和LED灯带，让花园的夜色变得绮丽光彩，再配上喜欢的烛台、花鸟饰品等装饰，花园变得更加温馨和浪漫。

2016年我还自费参加了在杭州举办的"园林造景高级研修班"和园林、园艺界的专家大咖们观摩学习和探讨，扩大了视野与见识，新学的东西也随后用在了花园布置的改进上。珠海第三届美丽阳台大赛的时候，我再一次获得了一等奖，"安娜的花园"也被越来越多人肯定和喜爱。

当然，打造和经营这满园的花草和肉肉，还真是个体力活，需要付出爱心、耐心和汗水。酷热的夏日，露台上一天不浇水都不行，特别是肉肉们，不能暴晒不能淋雨，我把它们一一搬到阴凉的遮雨棚下，小心翼翼，生怕碰掉一片肉芽。每年还要给它们修根、换土、换盆、追肥、控水、防虫害……然而，看着它们渐渐长大成型，呈现出美丽的色彩，那时内心的悸动很难用言语形容，恍然间似乎已经历了什么：譬如生长、譬如生命、譬如希望。而所有的付出都是值得的。

阳光房里的好时光。

每天醒来,一打开窗门,鸟儿的歌声、蜂与蝶翩翩飞舞,伴着扑面而来的绿意和花香,还有随风荡漾悦耳的铃铛声就像是到了另一个世界。不论是阳光的清晨、飘雨的午后、夕阳的黄昏、还是寂静的月夜,那些低头沉思的花朵,那随风摇曳的竹影,都让人想一直坐在这里,静静地闻着花香、读书、喝茶、发呆,悠闲自得,任时光从手指间溜走。有时候,看着它们的美丽,还会忍不住用画笔记录它们的点滴,驻留在画卷上,也变成我心中的永恒。

与花园相伴,感受植物的美好,不光是因为它们的色形之美,更因为它们的静默、温和、真实和自然。这些年和花儿们在一起的岁月,生活也变成了花朵一般,温柔的淡淡的美好,让人难以忘怀。

曾经觉得"和喜欢的人,做喜欢的事,过喜欢的日子。"是一个多么遥不可及的梦想。而这个微雨的清晨,在花儿的陪伴中,小黑板上,我郑重地写下"安娜的花园"这几个字的时候,突然觉得,原来这个梦想,已经变成了现实。

"喜悦珠海"第二届美丽阳台大赛 露台组"最佳花园""喜悦珠海"第三届美丽阳台大赛一等奖

我的秘密花园 | 露台篇

篱笆小筑
——我的空中花园

图文 | 篱笆小筑

花园陪伴我们度过了秋的萧索，夏的繁荣。花开花落，云卷云舒，如同生命的延续，让我们对未来生活充满了无限的构想，更陶冶了情操，净化了心灵，收获了一份份愉悦的心情。

——篱笆小筑

主人：篱笆小筑
面积：南北露台约 20 平方米
　　　　阳光房约 4 平方米
坐标：安徽合肥
花园介绍
复式六七层，7 楼的南北各有一露台，老公负责木工，我设计花园，夫唱妇随其乐融融，目前花园有鱼池、有木屋，景观已犹如浑然天成。

右页图：镜子可以映照出不同角度的花园，像一幅不断变化的画，它的反光也有扩大空间的作用。我称之为"魔镜"。

我的秘密花园 | 露台篇

给小鸟准备的浴盆里也撒几片玫瑰花瓣吧,一起浪漫。

偶然开始的露台生活

我家位于多层6楼,复式结构,7楼的南北各有一露台,加起来其实不大,总计20平方米左右。当时毫不犹豫地选择了这套房是因为觉得房型不错,尽管没有电梯,像是冥冥之中心意相通,从此开启了篱笆小筑的园艺生活。

刚开始有了露台的时候,对种花还没有太大兴趣,所以2012年装修时只是让工人简单地砌了花池和鱼池,也不知道花池要做防水,现在花池的防水成了不得不面对的问题,看来还是需要改造。有了基础之后,才开始了简单的植物补充:从花市买了一棵株型很好的桃花,种在小木屋旁;还买了葡萄架,种上葡萄、美人蕉、牵牛花、指甲草等容易打理的花卉,于是露台就有了点花园的样子。

有水有鱼才有灵气,鱼池里养了几条小鱼,几条小鱼很快就长大了,还生了几十条小鱼。为了给小鱼有个遮阴的空间,特地从网上买了一座小木桥,但尺寸太大,不得不改小,又是画好尺寸,让老公改,花了整整4个小时。

上图：墙面的木板刷上喜欢的绿色，挂上花架、饰品，现在已经是壁面花园了。

下图：这里原本是个丑陋的排气烟囱，绞尽脑汁设计了木屋，把它包了起来。现在小木屋已成为花园的标志性建筑。

妇唱夫随的花园改造

真正的花痴折腾生活开始并不太久，像是突然开了窍，喜欢上了露台上的花园生活，就想着把露台打扮得漂漂亮亮的。加了很多花友沟通群，几个园艺大咖的微博、博客一个都不错过，还有《花也》电子系列读物，每辑都下载了看，最喜欢看"别人家的花园"，给了我很多灵感。原来花园可以是那个样子的，原来还有那么多美丽的花草。

从上一年开始，我们进行了露台大改造。我负责设计、算好尺寸，买好木材，老公负责安装和搭建，最后我再刷油漆，继续逛淘宝、买花草，买杂货。忙碌的一年，也是收获最大的一年。

那段时间，几乎每个周末都没闲着，绑定老公做木匠。除了小木屋，还有木墙，窗户上面的防腐木架子，铺防腐木地板，安装、搭建入口花拱门，木桥改小，改露台的排水管道等，搞得老公都怕过周末了。

花园生活让老公对木工的潜在爱好变成现实，把他一步步变成了木工、电工、水工等集于一身的全才。

露台上最得意的作品是绿色的小木屋，本来是个大排气烟囱，但怎么看都特别突兀，便设计了这个木屋，把它三面包围了起来，刷了绿色的油漆，门当然也是假的，不过空间感立刻就出来了。木屋的搭建当然又是木匠老公的任务，我负责打样，计算好尺寸，然后找网上的图片让老公照着做，刷油漆和布置装饰则是我的事，两个人完美分工合作，很快小木屋也建成了，特别有成就感。

（左页）
花园也是家的第二个客厅、餐厅。喜欢在花园里就餐、会友、喝茶、小睡、阅读……

（右页）
左上图：美观富有生活气息的杂货，会让露台平添无限情趣。
右上图：放在角落的花器，随意的插上一束野花或野果都可以成为一道风景。
下图：花园里随处可见的天鹅、鸭子等有趣的摆件，这些小精灵给花园带来了蓬勃的生命力。

花草和杂货

我喜欢的是那种花境式的花园，高低错落的各种植物，盛开在不同的季节。因为地方太小，不得不转为杂货花园的风格。当然，杂货也是我特别喜欢的，琳琅满目搭配着花草摆着、挂着，感觉生活也立刻丰富多彩了起来。还有从乡下亲戚家淘来的石窝、猪槽，虽然搬到7楼花了不少代价，但放置在花丛中给整个花园增添了些乡村田园气息。

最喜欢的植物是月季、铁线莲、玉簪等。又从网上买了铁线莲、绣球、风车茉莉、欧洲月季等花苗。由于买的都是牙签苗，刚开始花只能是一朵两朵的开，不过能活下来我就已经很开心了。月季'夏洛特'和'红龙'都开得特别好。买了十几棵铁线莲，有'总统''乌托邦''约瑟芬'等；我还特别喜欢绣球，它不太生病，又开得好看，两棵无尽夏开了很多的花，看着好美，忍不住又买了好多棵，来年的露台一定会更美。

左页图：利用地毯、窗帘、桌布、抱枕、风灯、烛台等来营造花园唯美的氛围。
右页图：小露台的空间有限，所以充分使用垂直空间，打造一个立体的花园。

享受花园的阳光午后

经过几年的折腾，我已掉入花坑不能自拔了，莳花弄草已经成为我工作之余近似痴迷的生活方式。闲暇时坐在露台上，听树枝上鸟儿鸣叫、看鱼儿嬉水、品茶阅读，人和自然和谐相处，这种快乐无与伦比。

我们和花园一同成长，露台花园繁茂美丽，也增添了我对花园摄影的兴趣。

花园里还有"雪球"，一只博美犬，随着花园越来越丰满茂盛，它的活动空间也越来越小。看来是时候给花园做减法了，去掉那些表现不好的，爱花也不能太贪心。

不喜繁华，不喜喧嚣，喜欢静静的坐在这个角落，默守一段文字，静听一首音乐……

午后，一杯清茶，一缕沉香，一曲音乐，一本书，在我的空中花园享受暖暖的阳光，生活真的是无比惬意。

在将近知命之年，能在喧闹的城市，把忙碌当享受，过平淡的日子，爱花爱生活——这就是我要的幸福。我相信，生活不只是眼前的苟且，还有花园和田野。

篱笆小筑的花园秘笈

了解植物的习性,喜阳还是喜阴,还要考虑色彩的搭配,植物的高低错落,把它们放在合适的位置。比如池塘边的日照很差,便种了绣球和玉簪。花园的整体氛围营造是最重要的。

我的秘密花园 ｜露台篇

'夏洛特夫人'四季开花的橙黄色月季，圆润的碗型，浓烈的色彩以及强健的生命力，仍然成为了我种过100+种月季后的首选品种。拥有足够大的花池和朝南的日照，已经足见我对它的宠爱。

我和我的屋顶花园

图文 ｜ 嘉和

在四川，由于气候适宜，四季几乎没有大的自然灾害，也几乎没有极端天气，所以阳台和屋顶都被最大化地利用起来。放眼望去，几乎家家的阳台屋顶都是郁郁葱葱的，或高或低，充满了生机。究其品种，可谓藤木草灌，土洋中西。我就是在折腾了几年阳台后，为了满足一直膨胀的种植欲望，终于如愿以偿地拥有了屋顶花园。

一处随眼可见，朝夕相伴的"我的地盘"哪怕只有几个平方；行走在灿烂阳光下，也不乏雨雪风霜的寒来暑往，哪怕自己已不再是青春模样。这就是无数人心中的花园梦想。

——嘉和

主人：嘉和
面积：200平方米
坐标：四川
花园介绍
位于房屋顶层，功能划分详细，由于主人不定期在家，所以花草更多的是选择耐旱的、皮实的多年生草本等，比如天竺葵、绣球、鹤望兰。

我的秘密花园 | 露台篇

四川的私家花园除了别墅外，一般就是一楼和屋顶，相比较而言，各有优劣。一楼接地气，大型植物会长得更好，更耐旱，也无需考虑防水和承重。但是由于周围建筑的关系，采光和通风是硬伤，还有鼠害和潮湿也会比较严重。而屋顶的采光和通风是天然优势，但是防水和承重则是重点需要考虑的问题了。

虽然屋顶在建时已经做过防水处理，但是自己在改建时又做了两道防水。第一道是用液体防漏材料对整个屋顶的地面以及围墙70厘米以下的位置都仔细涂刷，液体的好处是可以对更多更细小的缝隙进行填堵。然后卷材是第二道防漏处理。而鱼池是个重点防漏项目，所以在鱼池里再次重复做了两道防水处理后才铺设假山等。

养花休闲两不误 种花种菜种果树

这些基础做好之后，就是根据整个花园的朝向、采光、排水等硬项条件，开始设计布局了。其实也就是几个主要区域的划分。

一、休闲区

我的屋顶花园有3个休闲区，一个是封闭式的，在花园的西面，安装了空调设施，是把原来凉亭进行了封闭，四周安装的玻璃窗。还有一个是半封闭的，在花园的东北角，顶部安装了阳光棚，遮雨不遮阳。第三个则是在葡萄架下摆放的秋千椅。这样，在不同的季节和气候里，我可以有多种选择，选择呆在哪里会更惬意。

我家的猫咪就像花园的守护神。日常代替我巡视，捉鸟捕虫驱鼠，身影无处不在，多年来却从未打翻过一盆花草，它应该很懂这座花园吧！

天竺葵之路，无数支一米多长的枝条垂吊着，每当盛花季节如同花的瀑布倾泻而下，尤为壮观。

二、种植区

大体也是分3个：一是蔬菜区，二是果树区，三是花草区。

蔬菜区主要种些时令小菜，宗旨是健康绿色，不打药，所以要离花草远些。采光还要好，因此选择了围墙外朝南的一块区域。属于整个屋顶花园采光时间最长的位置，而且有围墙保护，给花草打药也不会散播过去。

果树区选择了花园里靠西面和南面的两个花池。也是优先考虑采光和通风。最初栽过樱桃、桃子和李子等，但都由于鸟儿太多，我连续几年都没吃到过，最终放弃。只保留了柚子和柠檬、佛手柑等。花草区其实又划分了几个小区：绣球在上午采光比较好的一个花池里。月季和铁线莲为了便于造型攀爬，种植在靠墙的区域。多肉则集中在半人多高的南墙上，既享受了整日的阳光，又便于最佳角度观赏。

花草区域的划分原则，首先必须根据植物习性，按喜阳、耐阴、耐旱、耐寒等来分布，不适合本地区栽种的，千万不能强求，不是植物长不好，就是自己付出太多。然后结合休眠期、观赏期，不要在一个区域里栽种同期休眠的植物。以免那个时期光秃秃一片，比如夏秋茂盛的绣球和冬春繁花天竺葵、旱金莲搭配。还要高低错落，前低后高，既充分利用采光，又使得花境有层次感。另外就是颜色搭配，同一个区域多几种颜色会使得画面感更强，不至于因色彩单一而显得单调。

最后就是根据个人喜好和习惯做最后的筛选。比如能经常在家照看的，可以选择一些需要经常浇水，修剪施肥的花草，比如矮牵牛、百万小玲等。而我属于不定期在家的，所以更多的是选择耐旱的、皮实的多年生草本等，比如天竺葵、绣球、鹤望兰、月季等。

（左页）
玛格丽特属于多年生植物，皮实，花多且花期长，巨大的花球可以达到1~2米，做拍照背景，再惊艳不过了。

（右页）
我家多肉的鼎盛时期，大概有几百盆吧！有巨大如树的黑法师，有顾盼摇曳的新玉坠，还有小巧玲珑的熊童子……

流连四季花影

春季是大多数开花植物的最佳观赏期，只要秋冬进行了细心的修剪、施肥、牵引等，天竺葵、玛格丽特、美女樱、月季、铁线莲等都会以开爆眼球的方式报答你。此起彼伏的天竺葵，高高在上的铁线莲，繁花似锦的月季，花团锦簇的玛格丽特，一枝独秀的百子莲，艳压群芳的朱顶红，香飘四溢的百合花，让你每每流连忘返，驻足难行。只希望时光就此定格，醉卧花影之间。而秋冬则是多肉植物的天下了，多肉植物的观赏期很长，几乎为四季，只要采取了正确的养护手段，天天都可以看到美丽可爱的萌宝宝。无论是才叶插出来的小仔，还是婀娜多姿的老桩，都是心头最爱。赤橙黄绿青蓝紫黑，多肉颜色的丰富也可以超出你的想象，而且会随着季节的变换和养护方式的不同呈现各种斑斓的色彩。经历过冬季的大温差，强日照后，整个冬季和春季都是多肉植物最美的季节了。红似玛瑙的虹之玉、红稚莲、火棘；黑如包公的黑王子、墨法师；面施粉黛的雪莲、仙女杯；金黄灿烂的秋丽、铭月；圆润如珠的蓝豆；粉嫩无比的静夜；翠绿如玉的澎珊瑚；繁花似锦的长生草……

只要美出你的风采，一朵花也是一个花园！

庭院篇

做最真实的，哪怕有缺陷的自己，不试图取悦别人，或成为某个人，努力成为一朵不动声色的银莲花，静静地做自己，让世界发现你。

——半夏

半夏的花园故事

图文 | 半夏

穿旧衣裳

喝自制的茶

种古老的月季花……

花园主人：半夏
花园面积：108平方米
坐标：江苏南京
花园介绍
在我的花园里会举办很多的活动，花园特色旅行、花园设计、花园手工派对等。

左页图：如同邻家女孩般娟秀的白晶菊，在我的花园一定是当季主角，气质与我特别吻合。

我的秘密花园 | 庭院篇

春去春又回,花开花又谢……唯矾根的缤纷色彩一直陪伴着我们。

母亲是位聪慧女子,她裁剪的衣装总透着别人学不来的神韵;她设计的鞋垫鞋样总是被身边姐妹们追捧着效仿;她不但喜欢种花,还给菊花嫁接杂交出新的品种……每到秋菊盛开之际,家里门内外摆满了风姿绰约的各色菊花,连插脚都困难,天天都会有爱花人士来赏花品菊。每到这样的时刻,母亲会把一些零碎的活儿派给小小的我去做。

在母亲的花友中,有位住在西街的戴老先生,留着白胡须,体形消瘦矮小,神情淡然悠远,仿佛这世间的种种纷扰人事,都与他无干,只留他遗世而独立。去他的院落拜访,是我们姐妹几个最高兴的事情。戴老先生的花园里有很多树木,在树木的间隙里种植着各类鲜花与中草药。而让我们着迷的是他自己设计、自己动手雕刻的无数形态各异的石头小动物。这个充满魔幻魅力的院落,让儿时的我沉迷不已……

或许,这成就了我对于自然、对于花园最初的爱,在幼小的心灵中播下了自然生长的种子。

花园拱门不仅给攀援花卉以支撑,还给花园增加了立面视觉亮点。

2009年的下半年,在朋友的帮助下我意外的购买到了一座带花园的住宅,它使我欢欣鼓舞而又跃跃欲试……

2010年四月份正式对这座房屋进行装修改造时,或许是因为儿时的影响,我对花园倾注了十二分的关注。没有造园、种植经验。我买来大量园艺书籍,登录各大园艺论坛……从学习前人经验开始,边学习边实践。每一步的前行中,都夹带着挣扎痕迹与成长印记:和大多数刚拥有花园的初级粉一样,不管什么习性、什么花色、什么品种的花卉都想要尝试一遍。当然,玫瑰花园的浪漫对初级粉的诱惑尤其巨大。

比如当初的我,去花市买了1800元的沭阳月季回来造玫瑰园……对品种不了解,对土壤不了解,更别提日常养护了。一门心思地认为只要把植物种到地里,没有理由不花开满园呀。于是,我的小院红灿灿一片,热闹非凡地开满了沭阳月季。这样的场景并非我想要的结果,与我喜欢的杂志图景相差甚远!后来我才从花友那里得知还有欧洲月季,色彩丰富、品种繁多且抗病性强……

我的秘密花园 | 庭院篇

园丁一定是与花园一同成长的，经过半年的园事积累，在准备淘汰沭阳月季的同时，对小院的基础建设亦有了新的要求。

当时的花园零星分布着汀步石，种植了大面积的马蹄金。到了梅雨天积水处的马蹄金发黑腐烂，还生了好多大青虫，汀步石上也沾满了泥浆。

对小院有了新设想的我不分早晚围着小院绕圈，思考设计着花园的新格局。我惊奇地发现把脑子里的天马行空变成实实在在的诺亚方舟后，收获的不仅仅是愿望与现实达成后的平衡，还有幸福、满足、快乐在里头。

2011年早春全面淘汰沭阳月季后，我采购了欧洲月季、铁线莲以及众多的庭院绿植。经过二三月份的努力，四月份之后的花园呈现一派繁荣，朋友们争相拜访。小院俨然成了会客厅，成了室内空间的延伸、成了我的"政治经济文化中心"，只要是晴天，访客更愿意呆在花园里，喝茶聊天看风景……

这所有的一切让我的生活发生了根本的变化。种植是一件很容易让人开心的事情，在花园劳作中你会把一切烦恼忘得一干二净，就想着怎样改良土壤、修剪弱枝、施肥、播种……找恰当的地方安放你千里寻宝得来的植物。

四季常绿的金叶过路黄与多花筋骨草给阴生花园点亮了色彩。

小盆栽花卉因为体量小巧，可以填充在很多角落，是搭建小场景的能手。

当访客称赞你的花园及花园一切时，你口头谦虚着，内心却乐开了花。这时，所有的辛苦都化为乌有，并会在心里计划，我要做到更好。

在一场接一场的花事中，在来来往往的互访里，我结识了更多有意思的人。朋友们给了我很多丰富退养生活的建议：花园私房菜、花园咖啡店、花园下午茶、花园手工派对……这些我都一一尝试过，最终沉淀保留下来的有：花园特色旅行、花园设计、花园手工派对。

人们对于美的追求，应该突破眼界和生活的局限，去见识外面的世界，才能清楚地认识美的模样。这是我组织"花园之旅"的初衷，亦是分享美好生活点滴的缘起。

左页图：常常对着室外的小花园感慨，有了花园陪伴的我才是最幸福的。
右页图：花园杂货如同女孩子发梢上面的蝴蝶结，灵动且夺目。

2015年冬天，我再次重新修整了花园，更换了围栏，搭建了凉亭，在凉亭里摆上桌椅，给到访的人们一个花园栖息地。对花卉的选择也进入到理性阶段，针对花园小气候让草木本植物彼此映衬，即使在花卉凋零的季节，各种深浅不同的形态与颜色也能有很美的视觉感受。目的是在生活与自然之间搭建一种直接的连接，使我们的生活更健康、更美好。

花园都有自己的独特个性，或温婉可人，或野性张扬。通过时间的润泽，让它显现温润如玉的不凡气质。园艺是理性操作，感性获取的艺术。在园艺的围墙下，没有永恒的真理，却需要投注充分的关爱……园丁需运筹管理，保留植物之天性，管束其过分的不羁，方能成景。

我的秘密花园 | 庭院篇

我向往陶渊明笔下的世外桃源，也幻想过着和塔莎奶奶一样宁静安详的生活，然而我更想做我自己。只要有心，有家的地方就有一座花园。

——王梓天

生活离不开园艺
做一名都市隐客

图文 | 王梓天

主人： 王梓天
面积： 三亩
坐标： 安徽芜湖

花园介绍
我理想中的花园是由三大主体构成，第一是香草，它们可以提供新鲜的叶片和西餐的香料，还有香草茶和护肤品；第二是蔬菜，它们为餐桌贡献着有机的食物，并且有着很多市面上见不到的品种；第三就是花境，它们可以提供四季的切花。这其中当然少不了野花野草，毕竟最美是自然。

从一盆薄荷开始

所有的事情并不是突然就会发生，很多事情当我们还在幻想的时候，其实就已经在心里埋上了一颗种子，然后就等待合适的时机去让它萌发。我不敢说所有梦想的种子都会绽放出美丽的花朵，但是我足够的幸运，这般的"幸运"也来自于我破釜沉舟的勇气。对于园艺的喜爱记不清是从什么时候开始，只是当我还是孩童的时候就对植物特别地感兴趣，小学时和同学去偷人家的樱桃，拿竹竿打枣儿，还会偷偷去摘刚结出来的小葫芦……类似的事情干了不少，每每被家人发现总也免不了被训斥。

后来稍稍大了一点，不会再去偷别人的果实了，开始自己种。可以从我的高中时代说起，现在想来那真是一个极美好的年代，也是一个充满奋斗激情的年代，为了舒缓高三的学习压力，我试着养了一些植物，还记得我买的第一份种子就是薄荷，虽然之前从未养过，但是冥冥之中就是在那么多种子中选择了它，或许是因为我喜欢薄荷味口香糖的味道？谁知道呢。这一盆薄荷从此开始了我的园艺之旅，但并不知道这会改变我的人生。

右页图：撷一把花就像撷住了生活的美好。

（左页）
上图：新鲜的香草薄荷可以随意取用，是我餐桌上的常客。
下图：修修剪剪的日常。

（右页）
鲜切花与野花草的混搭。

家中小院试身手

  家里正好有一个院子，可以放开施展手脚，在看了一些国外的园艺书籍后，深深的被上面的园艺生活所吸引，我也想把我家的院子打造成一个小花园。刚开始的时候家里人对于我购买植物以及园艺资材也不置可否，等到终于有一天他们发现家里到处都是盆盆罐罐，卫生间的泥土永远弄不干净的时候似乎意识到问题的严重性，于是家父三天两头的开始说我，意思无非是人家种花是美化家居的，而我种花养草却把家里弄得乱七八糟。这样的说辞很快在一年后就说不通了，因为随之技术增长和经验的累计我也可以种出美丽的花儿来了，每次种完花之后也会把战场打扫干净。

  随着年龄的增长，家人开始念叨别人家的孩子都出去，我却天天在家里做一些老年人的事情，其实呢，我当时的收入也不算低，我自己开了两家钢琴培训班，时间上也相对自由，闲暇的时候我就喜欢赏花弄草。我学生的年龄从三岁半小孩儿到五十七岁阿姨，因材施教的同时我也会给他们讲一些植物的故事，给小孩子看美丽的花儿，而成年人呢，就带着他们一起品香草茶，闻玫瑰花香，吃用熏衣草制作的饼干，到了夏天还有花草冰激凌和布丁……于是在我的影响下，这些从二十岁出头的小姑娘到年近花甲的老人都开始养花了，也喝上了自己种的香草茶。

只为心活

  随着时间的推移，我发现家中原有的小院并不能满足我对于花园的渴望与需求，我崇尚自然，也喜欢与植物相处，所以放弃音乐方面工作，离开市中心的家，搬到城郊乡村的森林中过起"只为心活"的生活，笑称自己是"都市隐客"。经过简单的改造和布置，从旧货市场花了40块买来几块木板，用人家不要的楼梯栏杆做成了一张木桌，也就是我的工作台，大部分的美食拍摄都是在这里完成的。开始打造一个心目中的花园，我开垦土地，种

我的秘密花园 ｜庭院篇

左页图：蔬菜也是花园里的重要成员，为餐桌贡献新鲜的有机食物。
右页图：紫皮萝卜在木质餐板上也能展现它的美丽。

上各种蔬菜和花草，地里生长的蔬菜自给自足，家里的四季插花也来自于自己的种植，冬天没有鲜花就用一种甘蓝替代。每天打理植物，制作美食，拍照、练琴、写作是必须做的事情。

生活离不开园艺

我理想中的花园是由三大主体构成，第一是香草，它们可以提供新鲜的叶片和西餐的香料，还有香草茶和护肤品；第二是蔬菜，它们为餐桌贡献着有机的食物，并且有着很多市面上见不到的品种；第三就是花境，它们可以提供四季的切花。这其中当然少不了野花野草，毕竟最美是自然。

曾经有人问过我的生活理念和园艺理念是什么？其实对我来说这两者几乎是等同的，生活离不开园艺，园艺让我更好的懂得生活，享受生活，珍惜生活。

从2008年起我一直在践行"园艺生活"的理念，

什么是园艺生活？每天早晨采下新鲜的香草然后泡上一杯香草茶，而晚餐中所使用的香料也是自己种植的，迷迭香烤羊排，百里香烤鸡，罗勒意面，这些在自家都可以制作，晚上用洋甘菊来蒸脸或者做一个天然植物spa获得身心的放松，与植物相关的种种就是我的园艺生活。

园艺其实表明了我们对生活的态度，崇尚的是自然美好，养花种草长久以来在我国会被认为是老年人的专利，其实不然，年轻人也可以去通过种植来获得愉悦的心情，尤其是城市里的人，活在钢筋水泥的丛林中，个体与大自然的连接几乎断裂，既然无法回归大自然，但是我们可以通过打造自己的花园来营造一个小自然。这个花园不一定要有多大的场地，可能就是一方小小的阳台或者一个飘窗，只要有心，有家的地方就有一座花园。

一个美丽的花园是不能缺少白色的，就像画油画，如果没有白色做调和，而是一堆堆厚重的色彩，饱合度过高，视觉太疲劳，必须使用白色提高明度或降低饱合度，才能造就一幅画，花园也是这样。

——海妈

我有一座白园
享受四季的清凉

图｜玛格丽特-颜　文｜海蒂的花园

主人：海妈
面积：100 平方米
坐标：四川成都
花园介绍
海妈特别喜欢白色，特地在海蒂的花园中心，匀出一块100 平方米的地来造了一座花园，叫做"白园"；种下各式各样白色的花，中间一块草坪，这是一种让人有安静下来力量的花园。

左页图：海蒂想闻闻绣球白玉的香味，但发现它其实是不香的。

我的秘密花园 | 庭院篇

（左页）
上图：澳洲朱蕉是一种结构植物，组合盆栽或孤植都很好用。
下图：白园一角。

（右页）
墙上种着藤冰山。

白园最初的由来

之前这块方形的共100平方米的地方种的主要是果树，后来在看《花园视觉隔断设计》这本书时，有一面断壁残垣，蓝色的旧墙，让我欣喜万分，顿时有了灵感。我进入那个画面，开始重新设计这一处果园，砌类似的矮墙，并用白色的植物作为主色调。大多数国内的花园都不太爱用白色，好像看到白色总是会让人产生不愉快的情绪。但是一个美丽的花园是不能缺少白色的，就像画油画，如果没有白色做调和，而是一堆准厚重的色彩，饱合度过高，视觉太疲劳，必须使用白色提高明度或降低饱合度，才能造就一幅画，花园也是这样。广义上来说，绿色也是一种留白，花园中一块平坦的草地，它可以让人的眼睛有舒服的去处。

花园的建设

果树全移种去了农庄，重新翻土，加入了大量泥炭改良土地。买了几千块旧砖，我爸这个万能匠人，很快就按着书上的创意砌起了墙，高低错落，非常有味道。木门是从旧料市场收的，我用刷油画的方法，刷了各种过渡蓝。墙上也是，用防水涂料加了三原色的色精，每一刷子都是不同的色彩。波浪型的地台也是用旧木板拼的，上面摆放了一口老石缸子，倒进一整包泥炭，种上白色的湿生鸢尾，最后再注满水。缸里养了六尾小红鱼，半个月后，水就清清亮亮的了。

去年冬天-6℃，结起厚厚的冰，透过冰层，可以看到小红鱼在游来游去，鱼儿是不用投食的，它们吃蚊子们的幼虫就足够了。靠着墙角，种下了一株8年的藤冰山，那是我最早开始种花时，曾种在楼顶花园的，在4月下旬和随后的整个春天都开满了纯白的花儿。无尽夏'新娘'种在乔木白绣球下面，它还有白色的百子莲和白色的全缘铁线莲当邻居……这个花园基本只种白色的花，我尽可能把收集到的全种下来。

我的秘密花园 ｜ 庭院篇

（右页）
左图：年幼的噜噜妹就像花园里的小精灵。
右上图：白色绣球是花园里的主角。
右下图：花器随手插。

白园的春夏秋冬

2月的春节期间一株白色的茶花会开成花树；接下来的3月喷雪花有着等不急的刹那芳华；喷雪花的表演还没有结束，洋水仙又登场了，还有一直从冬天开始的白色虞美人，是从几百株混色里面挑出来几十株；4月开始，草地返绿，月季在孕蕾，而那株巨大的木绣球开始盛装表演了，数百个花球从绿开始，慢慢变白，从5厘米开始膨大到30厘米的一团，古时候抛绣球，就是那个模样了吧。花期是短暂的，没过二十天，一场风，一场雨，就可以站在树下享受花瓣雨了。

4月中下旬左右，以白色的'格拉米思城堡'为首的白色玫瑰花开了，夹杂着茉莉花的香味把整个春天带到极致；5月到来，无尽夏'新娘'开始了，这个长情的家伙，从开始就不会停下来，从淡淡的绿白、淡粉、白到复古的绿红，各种色彩伴着时光夹杂在一起的表演；到了6月，又会有新的花苞出来，持续着新的花期。而这个时侯虞美人、洋水仙都谢幕了，再种上了白色的波丝菊、香彩雀、凤仙花、禾叶大戟，为了维持全年的效果，花园须得有10%左右的季节性花卉。这时候宿根观赏草类长得越发的茂盛了，玫瑰花枝越来越长，是时候在6月修剪了。草坪也需要及时修剪，随时拔除杂草，剪去残花，被修整过的花园会更加干净整洁，展现花园最美好的一面。

随后7月到来，花园到了最受考验的时候，高温、高湿、病虫害都到达巅峰，一切都那么乱糟糟的，蚊虫更是让人心烦，别担心，做好适当的防护工作，早晚凉爽的时候在花园里劳作。这个时期二株圆锥绣球就开始唱歌了，硕大的冰淇淋状的花朵，没有人不喜欢。这个季节雨水很多，花朵淋了雨容易倒伏，我们用细竹子给它支撑起来，圆锥绣球花期很长，维持得好可以到九十月，即便干了，挂在枝头都别有情趣。到了8月，花园里依旧很热，修剪整齐的草地在早上会吸饱露水，变得很润，无尽夏'新娘'新的花苞越来越大，玫瑰花尽管不标准，但还是在开，观赏草细叶芒和晨光芒开始抽出花序来迎接秋天。玫瑰花最好的时候，会有一些活动，办过烧烤趴、卤肉趴和故事趴；全家人和花友们一起吃吃喝喝聊聊，而海蒂最喜欢拍照，只要有人用相机对着她，她就开始摆起造型来。

9月的花园，绣球有了新一轮的表演，尽管不及春天的华丽，但有花开，大家总归是开心的。进入秋天之后，天空明显变高了，我喜欢逆光看观赏草的花序，毛毛的、有明显的边，边上镀着金光；成都的10月并不冷，人舒服花也舒服，茉莉花从春天一直开到10月，每次经过我会摘几朵，给孩子们闻着玩儿。有设计师说，他们的孩子一生下来就连用的勺子都得是艺术品，要提高审美。我这一天到晚把花朵当成玩具给孩子们，等她们长大后审美会不会提高呢？玫瑰花在10月也很出色，庭院品种有些甚至开得比春天还美。11月成都才进入秋天，开始有了凉意，而绣球还不会黄叶子，花儿还都开得很好，即使到了翌年1月份霜冻后绣球的叶子掉光，绣球花还依然在枝头，阳光下拥有特别迷人的色彩。

从12月到次年2月，才算是冬天，这个短暂的冬季，打霜是让人兴奋的，尽管会冻死一些植物。我常会叫起孩子们来看霜花儿，像雪花一样的，让她们踩在冻硬的地上听嘎嘎的响声。清晨的霜花打在玫瑰花上，更有一种珍贵的美感。

左页图：从假山的角度眺望花园。
右页图：白园全景。

海妈的花园秘笈

白园的绣球的种植贴士

1. 绣球是耐阴喜光的植物，所以种在半日照通风好的地方较为理想，盆栽、地栽均可。盆栽注意每一年换盆，或是不换盆每年只换一部分介质；地栽我们在冬季会做一次覆根，保持肥力。
2. 绣球对于土壤的酸碱度比较敏感，也对下的雨水很敏感，我们同样种在田埂上的无尽夏，春天全粉，秋天全蓝，那是因为整个夏天都下淡酸雨的缘故。
3. 绣球喜欢肥，我们在生长旺盛期的春秋季都是每周给一次水溶性肥，养好的绣球基本上没有什么病虫害。
4. 但注意不要种太密，绣球生长很快，要不停地把细弱的枝条剪至根部。除了无尽夏，其他品种尽量不要重剪，重剪会影响来年的开花。
5. 绣球在盛夏要给足水，特别是盆栽，它就是一台抽水机。再也没有比绣球更好种的花了！

我的秘密花园 | 庭院篇

不是通过三言两语就可以描述每种花的种植管理方法，只有通过自己在种植过程中的摸索和不断学习才能达到一定的水平。

——开心 boy

爆盆大王的花花世界

图 | 玛格丽特 - 颜　文 | 玛格丽特 - 颜、开心 boy

开心 boy 的花园里有各种品种的矮牵牛、玛格丽特、角堇、美女樱，甚至还有金盏菊，每一盆都开着满满的花。而一侧的花园里，数不清的欧洲月季高低错落，藤本月季爬满了拱门和栏杆，丛生的则长出茁壮的枝条，甚至包括盆栽的那些欧洲月季，也无一不是顶着满头的花或花苞。花园里还有德国鸢尾、毛地黄等其他开花植物，也都是茂盛的一大丛。怪不得常州花友们都会叫他"爆盆大王"。

一个男生是如何把花种这么好？是什么时候开始喜欢种花的？开心回忆起了小学的时候，还在五六年级的他，跟着在苗圃工作的姐姐去玩了一次，那些盛开的花儿一下子把他震撼住了，像是心里的某一块世界被打开了新的窗口。之后便陆陆续续开始在家里种花，幸运的是家人也都支持他。

老家因为没有院子，植物都是盆栽为主，去年搬到了现在这个新家。有了院子之后，开心也正式地升级为一个幸福的花园主，打造了现在这个"花花世界"。种花带来了很多乐趣，让生活充满激情，家人的支持也给了开心更多的动力。开心出差的时候，家人都会帮忙

花园主人：开心 boy
花园面积：200 平方米
地标：江苏丹阳
花园介绍
开心 boy 的花园里有上百盆草花，每一个都开成了爆盆的球状！花团锦簇地摆在屋前，从院子地面铺到大门的台阶。

右页图：开心花园的小路算得窄小，基本只能一人行走，小路两旁开满繁茂的花朵。

我的秘密花园 | 庭院篇

管理花草，还经常有爱花的邻居过来站在院子外面欣赏开心种的花，春天，连孩子的幼儿园老师都带着小朋友们来参观了很多次。

我们现在看到的这个园子刚一年时间，面积200平方米左右。欧月都是开心从老家带过来的，开心说："种的时候没想到地栽长得那么快，种植密度上有些欠缺。"其实还是因为开心种得实在太好了。除了欧月和草花，开心还玩球根、绣球，他说："只要开花好看的都想尝试一下，当然也在慢慢摸索经验，寻找适合自己的种类。"

花园之路

除了门口摆草花和铁线莲的位置，因为生活的需要，铺了硬质地砖，院子剩下的区域，开心都最有效率地利用，保留裸土地面用来种花。所以设计上很简单，几条弯曲的小径分割花园的不同区块，形成大小不同的花境，搭配欧月、灌木、草花等高低错落的植物。另外穿过蜿蜒的小径可以走在花丛中，走进花境的深处，还可以不同角度欣赏花园，同时也更方便植物的日常养护打理。小路是开心自己DIY的，使用的材料就是红砖、卵石及部分水泥浇筑。红砖用来镶边，间隔红砖和水泥。因为小路弯曲而导致不规则的空档，水泥可以完整无缝对接。在留空的位置镶嵌大小卵石，路面立刻就生动了起来。

为了最大面积地把花园利用起来，开心花园的小路留得窄小，基本只能一人行走。在小路的两边，种植了低矮的草本植物，视觉上路面会宽很多，开心还种了些多年生的过路黄、佛甲草、薄雪万年草等混植其中，生命力旺盛的它们长到小路的缝隙中，显得自然野趣。穿插着还种了角堇、香雪球等低矮的开花植物，不同季节可以替换。小径两边最好不要种高大的植物，否则生长太过茂盛后容易把小路给淹没。两边植物的错落有致也非常重要，开心最痴迷的欧月是绝对的主角。

爆盆大王的花园秘笈 ①

欧月的种植管理

四年种植欧月的过程，开心也积累了一些经验。

环境：家庭养月季首先考虑的是环境，第一有充足的阳光，春天时候每天至少要日晒达6小时以上。第二要有通风良好的环境。

施肥：欧月和国月一样都喜欢肥，每年冬天都会在修剪后给足底肥。开心喜欢用养鸡场的鸡粑粑，因为这个肥料既可以松土又起到施肥的功效，不过盆栽的花友要注意用量，施肥太多会造成烧苗。除了冬天施肥以外，在开春月季发芽后要薄肥勤施。一般每周浇一次水溶肥，没有花苞时用的是花多多通用肥和必系列里面的必旺、必绿，有时候针对缺肥现象也会用一点微量元素肥，比如钙镁肥。出现花蕾后改用必开花水溶肥，也是每周浇一次。农资店里的复合肥也很好用，化水后浇灌，有时候下雨时也会在盆里扔上几粒复合肥。

病虫害：有很多花友说月季是药罐子，其实主要原因还是与环境和养护有关，苗养得壮壮的，健康的植物自己就有抵御病虫害的能力，加上良好的通风环境自然用药就少了。常备的药大约三四种。春天蚜虫会比较多，建议用吡虫啉预防和治疗。阿维菌素对红蜘蛛有效，一旦发现每三天喷一次，基本会起到灭杀效果。黑斑白粉病在梅雨季节容易高发，可以用氟硅唑预防和治疗。

疏芽：藤月基本不疏芽，盆栽的灌月需要梳理过密的芽，保留外向的芽点，同时盲芽也需要去除。

爆盆大王的花园秘笈 ②

草花如何爆盆？

草花也是春天的主角，我每年都会种很多，比如矮牛、美女樱、玛格丽特等。以这三种植物为例，想要爆花球就是要不断地打顶摘心，把株型养丰满后才会在花期开出一个漂亮的圆球。

环境：矮牛和美女樱在江浙沪地区都可以露养过冬，我冬天也不收回家。玛格丽特不耐寒、夏天也不耐热，冬天下霜之前要做好防护措施，不然会被冻死。夏天则要放在通风良好的环境下，尽量避免淋雨，秋天时重新扦插繁殖。

修剪：植物木质化以后生长缓慢，我一般在每年秋天扦插繁殖，然后经过一个冬天的打顶及施肥管理，到春天一定会开出美丽的花球。春花开完后可以轻剪一下，继续薄肥勤施，不用太久又会开出一个漂亮的花球。

施肥：以水溶肥为主，花多多、美乐棵、必系列均可。草花施肥切记不要用浓肥，不然很容易烧苗。病虫害：基本上没有，除了玛格丽特在春天容易爆发蚜虫，喷两次吡虫啉就可以治疗了。

光照：这几种草花也需要充足的阳光，不然很难控形，容易徒长。

进大门的第一眼就看到的盆器组合，不同的季节可以更换不同的植物。

一生那么长，看不到头的美好时光，遇见谁、做什么，都是缘分。要过怎样的生活，也在冥冥之中似有定数。这座小园也是如此，七年前刚回到家乡这座江南小城没多久，和爸妈一起看新房，看到它的第一眼就喜欢上了。

| 花园主人：Zoe 和父母
| 花园面积：300 平方米
| 花园地点：安徽芜湖
| **花园介绍**
| 这是一栋联排别墅东边套附带的院子，三百多平方米，呈"匚"形，光照充足，私密性也很好。慢慢收拾，渐渐变成我喜欢的模样。

当生活映染芳华
——Zoe 的小院记事

图文 | Zoe

七年时光，小园渐渐长成我喜欢的模样。这世上有很多美好事物，或许并无太多意义，却让生活映染了芳华。年年岁岁、光阴流水，不必问询日历，自有花木说与我听。

——Zoe

我的秘密花园 ｜庭院篇

【花园的成长】

奶奶和爸爸都是老一辈的园艺爱好者，喜欢多年生木本，如茶花、月季等不需要太多打理的植物。最开始园子的设计便依着这个类似森系的思路，注重树木、灌木和草花的搭配，简洁且尽量低维护。因为经常出国旅行，看到西班牙盛开的蓝雪花、三角梅和新西兰满墙的紫芸藤、瑞士窗台上挂满的天竺葵、还有法国南部生长得巨大的藤月，渐渐地对植物、对花园有了更深的理解，这几年花园做了些小改动，墙面利用了起来，还增加了很多中、高部空间的装饰，窗台挂上了天竺葵和牵牛等。虽然父亲对于这些需要更多维护的花草颇有微词，可是看到它们的绚丽绽放时，还是被感动了。

乔木撑起庭院的骨架，灌木和攀缘植物化作皮肤肉身，水景天然是经络血脉，再穿起各式草花为衣裳，小品杂货点缀成首饰。七年，小园终于变成了我喜欢的模样。周围的邻居，一开始种花的氛围并没有那么浓，后来越来越多的邻居被影响而种上了花草，这里到处都是美丽的院子，小区的环境也变得特别美。小区里还有很多志同道合的朋友，经常一起活动，带上自己种植的花草。

墙面的打造

房子的南边光照最好，墙面留给月季，地面留给草花。月季攀爬不上的高处墙面也不能空着，我种上了爬得更高的凌霄和紫芸藤。这样搭配起来，春天有月季不动声色、艳压群芳，初夏有凌霄生如夏花与毒辣艳阳共舞，天气转凉后紫芸藤又开出一墙的小清新直到岁末。一面墙的芳华，与四季时光相伴。

（左页）
上图：初夏树阴的遮蔽下，是绣球的主场。
下图：早春二月，松红梅、角堇陪着瓜叶菊度过花园寂寞的时光。

（右页）
凌霄可以从五月开到十月，生命力极其旺盛。

地面的打造

在地面材质的选择上，我们都不喜欢冷冰冰的大理石，就四处寻找老房子拆下的青砖。还真被找到，一块块立起来垒成席纹。看着工匠师傅用瓦刀给青砖一片片抹上水泥再用橡皮小锤一块块砸实找平，嗯，就是要有这样的缝隙才有生气呀，一场雨打过，"苔痕上阶绿，草色入帘青。"

是那样的美好！青砖地面上，放些红陶罐再合适不过了。氤氲着水汽的青色配上罩着层薄雾的赭红，光看着都赏心悦目，更何况还有花草的装扮呢。

左图：汀步两旁是多年生的石竹和四季酢，很好打理。
右图：有风吹过，光影斑驳。

从一月开始，松红梅和瓜叶菊就在这里开始春的第一枝，然后草花们开始不间断地在盆盆罐罐间姹紫嫣红，轮番成为主角。到三月，角堇、矮牛、玛格丽特等锦绣成球热闹起来，小丫鬟们般叽叽喳喳地簇拥出海棠和梨花。草花区后面还有一片十多棵国色天香的牡丹，真的是有够美，才能让我容忍它们每年半个月的花期，然后半年看叶子、半年看光杆。

院子的东边置放了两条人字形布局的汀步，一条通向鱼池，一条走到后院。步石和小天使同样质地，静静地陪着我们每一次闲适或者匆匆的穿梭。汀步沿线最美是在五六月，春已深，绣球季。多喜欢绣球呀！粉雕玉琢一团团，看得人少女心爆棚。开到荼蘼时剪下倒挂在通风处，就成了干花，又能陪我一个春秋轮回。

修建鱼池

院子一定还要有一块能坐下来喝茶聊天的地方，墙里秋千墙外道，能看见院子外行人春色，里面的人又不会被一览无遗，所以有了这块壁泉区。壁泉怎么做并没有图纸，我这空想家一筹莫展。还好有万能的父亲，对着我打印出来的网络图片，蹭蹭就堆砌出来满意的形态，包括水电管线怎么布局、材质怎么处理、水路怎么走向，都信手拈来、举重若轻，看得我叹为观止。

有水，园子就有了灵气，顺着预埋的水路，壁泉连通向东北角的鱼池。睡莲和碗莲把池面点缀得浮光跃金。池上有棵枇杷树，五月底黄澄澄的果子挂满枝头，引来多少鸟儿呼朋引伴开餐会。间或有枇杷噗通一声掉进池塘，引得鱼儿追逐嬉戏。

左图：鱼儿已养出灵气，听到人脚步声就会游到池边。
右图：壁泉是休闲区的背景和屏障。

我的秘密花园 ｜庭院篇

栽种果树

除了枇杷，院子里还种了很多的果树。种满鲜花的花园美则美矣，但高维护难打理，不妨多种些果树，不用太操心养护，春天各色的花儿开满枝头，秋天硕果累累，绝对一举两得。我的院子里有樱桃、枇杷、柿子、杏梅、橘子、山楂，每到摘果子的时节，感觉自己身轻如燕在树枝间上下扑腾，一篮一篮果子摘下来，满满都是幸福感。

（左页）
樱桃是果树的代表，花果皆美。

（右页）
左图：天竺葵开满窗台。
右图：后院绿意悠悠，最宜小憩。

窗台之王

　　院子一圈转过来，还有什么呢，还有最爱的窗台之王——天竺葵。不生虫、不生病、多年生，只要温度合适全年都在开花。这样的好孩子，种上几十盆也不嫌多呀。从瑞士到法南，欧洲人民对天竺葵简直爱到骨子里。可惜在我们这里难免会有漫长炎夏，去年连续十几天四十多度的高温，小天阵亡一百多棵，图片上的盛景全变成遗照。没关系，先用矮牵牛顶上，来年再战江湖吧。

后院

　　再往角落走，就到了后院。这里阳光最少，花草不盛，唯有绿意葳蕤。角落里是一棵香樟，秋冬之际长青不败，总在初春悄悄地换起了叶子，一夜东风起，满地红叶，梢头新绿又嫩几分。香樟两旁几竿修竹，一棵枫树，相互依偎。

【种花的故事】

　　花园的生活是在不知不觉中改变一个人的。

　　花事都有节气,什么时间该修剪、施肥或者换盆;炎热的夏季需要每天浇水,冬天则要把怕冷的植物搬进阳光房。因为花草,让本来比较懒散的我变得不再偷懒,生活上更加自律。

　　花园里的劳作,都是自己动手,力气大了很多,身手也更加矫健,经常有邻居经过,诧异着我女汉子的模样。我却坦然自豪,因着更体会生活的含义。为了把花园最美的状态记录下来,我还学会了摄影。老公是摄影师,并不喜欢花草,甚至连拍也不是很乐意。在我的影响下,渐渐地老公也开始学习花园的布置,对植物越来越多了解,甚至现在可以帮我打理花园了。

左上图:风比较大的地方,大丽花可以施些矮壮素。
右下图:矮牵牛养着养着就成了球。
右图:金黄色的旱金莲,姿态很是优雅。

我的秘密花园 | 庭院篇

花园主人：无锡 - 多多
花园面积：3 亩
花园所在地：江苏无锡
花园介绍

这里位于无锡近郊的山区，气候非常好。之前的院子是块茶园，和左邻右舍一样，种了很多茶树。不过，父亲很喜欢种花，所以在花坛里种了些蜡梅、含笑、土月、芍药之类的。我想，这也是我喜欢园艺的原因吧。后来偶然在网上结识了花友这个圈子，才决定把花园的梦想变成现实。2010 年的中秋，我开始行动起来，把自家茶叶地逐步改造，建设成了一座私家花园。

"虽然是工科出生，但是一直以来，我都对园艺种植兴趣浓厚，想要建造一座自家的花园。在我的心里，花园应该是丰富多彩、充满生机的农家花园，有花果，有鸡鸭，有鱼虾……"

——多多

藤月盛开的春天。

多多的月季花园
在江南山间悄然绽放

图文 | 无锡·多多

我的秘密花园 | 庭院篇

多多花园诞生记

虽然是工科出生,但是一直以来,我都对园艺种植兴趣浓厚,想要建造一座自家的花园。其目的:一是为了父母能够安享晚年;二是结合自己的兴趣爱好,能够为自家人提供一个美丽、舒适、温馨的生活环境。在我的心里,花园应该是丰富多彩、充满生机的农家花园,有花果,有鸡鸭,有鱼虾……

起初的花园一亩见方,历时五年,现已逐步扩大,花园也一直在按着自己的梦想逐步改造和变化中。花园的中间是种着凌霄垂帘的花园门,石板路的两旁是各个品种的月季、铁线莲和绣球,还有梨、桃、枇杷等果树。春天的时候,小路旁的花境盛开的是绣球、旱金莲和酢浆草,沿着小路行走在花园里,阳光透过树叶落下斑驳的影子,都是很幸福的时刻。

扩大休闲区

花园的左侧,穿过月季花门布置了一块更大的休闲区域,有3个层次,第一部分是木制的桌椅,再往前是烧烤区,石榴树下、山茶旁可以举办烧烤、品茶等不同类型的私人聚会活动;再往前正好连接到之前就布置的石头磨盘区。从外面农村或旧货市场里淘来的那些有意思的石器也主要在这个位置。

小池塘是最早设计的时候就布置的,一个小水池,不仅可以养鱼、虾,睡莲和很多水生植物,池塘里的水还可以为花园的灌溉发挥巨大功劳。当然,有了池塘的院子更有灵气,也给院子提供了温度和湿度的调节,形成一个植物更自然生长的小环境。

园区的咖啡屋是纳凉赏花的好场地。

心形广场旁边,有随时可以休憩的椅子。

草坪和矾根小景

　　花园的右侧,之前是一些柱子和廊架,种了很多的铁线莲,像是一道道铁线莲的花门,进去则是一条葡萄的长廊。也做了改建。一条石板的小径,通往中心的草坪区,一把秋千摇椅,一张休闲躺椅,你可以悠闲自在的荡着秋千或靠着躺椅欣赏花园的美景,感受花园的生气。一旁还有种植的很多果树,我喜欢的花园是纯自然的,接地气的,四周爬满了各种月季、蔷薇和铁线莲。

　　因为喜欢玉簪和矾根,在池塘再往前的位置,还特地新做了一块花境。本来那边有棵桔子树,玉簪喜阴、矾根不喜欢积水,便抬高土壤堆了个小坡,周围用石块围边。

　　现在院子又往前扩了1亩地,计划布置更多的休闲区和花境,可以种植更多喜欢的花草,院子的改建似乎永远没有尽头。

（左页）
上图：夕阳辉映下的成片绣球。
下图：林木掩映下的工具房。

（右页）
林阴小路。

我为月季狂

  院子里最多的还是各种品种的月季，是这些年到处收集来的。在刚建设院子的时候，就网上去淘藤月，结果有些被欺骗，盛开的是蔷薇，但也是美美的。后来又买了国产藤月，直到第二年买到了两棵大的欧月，之后就一发不可收拾，开始了收集欧月品种的疯狂。现在院子里的月季品种已经太多了，也懒得去统计，唯一确定的是这个院子早晚会被我种满。

  月季比较需要好的通风，所以围着院子的一圈栏杆都种上了藤月，每年春天开得极其疯狂，每天剪下很多做插花，也送给朋友。更多的是那些来不及剪的，花瓣落满厚厚一地，因为太多，也懒得收拾，权当作肥料了。

  之前在院子的前面，大概200平方米的空间，还有更多的月季品种，包括不少扦插的小苗。开头是因为经常有花友想要分享，于是部分地扦插繁殖，苗也变得越来越多。

享受花园生活

  经常忙碌着来不及好好欣赏花儿的美丽。不过，劳动是一种享受，有时收集到自己喜欢的品种的花草是一种享受；看父亲剪下新开的月季和邻居分享是一种享受；看着妻儿在草坪上欢声笑语是一种享受；一起在开满花的院子里看书、喝茶、聊天、听音乐，以后还要让儿子在花园中弹钢琴给我听。

  起初的两三年处于基础建设中，近几年我才陆续的邀请朋友到园中游玩。我的朋友在园中举办了花艺活动。他们现场剪插花卉，富有生气的花儿给整个花艺活动带来了勃勃的生机。

  花园正在一步步的向前发展，逐步扩大，走向完善和成熟。今后可以在花园里举办各种活动，诸如：摄影、下午茶、音乐会等等。有了这座花园，生活的内容丰富了，生活的品质提高了，和家人一起拥有这样一个美丽、舒适的生活环境让我觉得很温馨，也很充实。花园生活带来了很多美好，生活充满了生机！

我的秘密花园 | 庭院版

花园门颜色选择了夫人喜欢的玫红色,特别鲜亮的色彩,搭配开满花的蔷薇,迅速成为了"网红门"。

花园改造采取分区模块式,灰色部分是花园的小路这种分区域的、模块的结构适合园艺爱好者,因为无形中增加了很多立面,而这些立面可以多种很多的攀援植物,也可以让小花园更加立体。

主人：黑人霖花园
面积：70 平方米
地点：江苏苏州
花园介绍
我的花园长 14 米、宽 5 米，2015 年开始改造，2016 年开始 DIY 木作添加硬件，2017 年逐渐成型，到 2018 年，布局基本定型。花园所有的改造，包括拱门、廊架等全部都是自己动手。

黑人霖的花园
——木艺 DIY 之路

图 | 黑人霖、玛格丽特 - 颜　文 | 黑人霖

花园的一半用来不断改造完善，享受花园改造带来的乐趣；花园的另一半用来家庭生活，体验室内得不到的别样生活。

——黑人霖

我的秘密花园 | 庭院篇

【花园改造篇】

你们在旅游的时候我在干活，你们过节日的时候我在干活，你们早晨还在睡觉的时候我也在干活……

我的花园长14米、宽5米，2015年开始改造，2016年开始DIY木作添加硬件，2017年逐渐成型，到2018年，布局基本定型。花园所有的改造，包括拱门、廊架等全部都是自己动手。说实话，在2018年以前，除了春天，院子在其他季节都是工地状态。工作之外，业余生活都挤在了花园上。

原来的门是个矮小的栅栏门，我种花和做木工的时候总有人不停地往里看，仿佛在说这小子又在折腾什么东西，所以想提高院子的私密性，参考了很多美图，做不了拱形的物件，没有那种专业工具，只能眼馋。便简单做了这样的花园门，颜色选择了夫人喜欢的玫红色。特别鲜亮的色彩，搭配开满花的蔷薇，迅速成为了"网红门"。

秋千是为孩子做的，我想要那种可以荡得很高的，结实耐用的。木料、螺栓和麻绳共计用了260多元，多余麻绳则弄成穗状，荡起来的时候很飘逸。考虑到秋千的扎实和安全性，连接大部分用的是螺栓和螺母。这样的秋千质朴而简洁，童年的记忆飘荡在耳畔的风中。

入口区域还有一个翻盆台，全部是旧木，材质也一般，采用的是那种方形的货架，拆除上层木板，铺在了秋千的下方，下层的材料成了翻盆台的桌腿，用来摆杂货和盆栽。在翻盆台的制作过程中使用了很多简单的连接，初次使用了木胶，所以翻盆台很扎实，不带晃动的。上层的盖板用铁皮包裹。上木油和上漆后比原图好看一点了，不过还是不够美，怎么办呢？

木平台区的蓝椅子,美好的休憩场地。

（左页）
上图：壁炉上方适合摆放盆栽和杂货。
中图：花坛区。
下图：靠近木隔断的位置，布置了一个用缝纫机架子做的小桌子。

（右页）
发现宜家有个款式不错的长桌，拷贝了桌子元素，面板可以选择老榆木板或者防腐木板，作用是可以增加层次，增加杂货属性。

木平台区

　　这里是屋子的入口，铺设了木平台，靠墙的位置做了假的壁炉造景，方便摆放杂货和植物。这里，不同的季节会摆放当季的花草组合，一年四季都是最美的风景。角落里是一把蓝色的木椅，在这里享受美好的花园时光。靠近隔断的位置，布置了一桌两椅。

花坛区和旧门隔断

　　木平台区再往里，布置了花坛区，不同季节植物也会经常替换。DIY 了旧式的门做隔断，隔断可以增加种植面积，可以提升立面层次，隔断杂乱的视觉背景。因为放在户外，我选择的是防腐木，买回来的旧门的防腐性可能不会很好。

长桌休闲区

　　有一次，花友带了3个朋友来玩，我发现花园里竟然不能同时坐下4个人，当时就想一定要弄一个大一点的生活区。DIY 了个宜家风格长桌。长桌区位于木香树下和蔷薇的背后，在背阴的地方做了两个储物柜，位于长桌的两端。主要用来储备各种工具、土、肥、杂物、盆等，起到一个收纳作用，院子整体变得很整洁。这一块区域原来是绣球区，以前我一直以为绣球喜阴，就把绣球种在了这一块比较阴的木香树下。结果除了无尽夏，其他品种都没开花。原因就是绣球在萌芽的时候需要大量的光照，如果肥和阳光不充足，绣球就会变绿植啦！但江浙沪夏天比较晒，如果放在全日照的位置，绣球就会晒得半死。江浙沪种植绣球不妨用盆栽，方便移动。冬季将盆放在全日照区域吸收阳光，开花后恰好是天气变热的时候，把绣球放置在半阴位置，不仅不会晒焦叶片，花期也会变长。另外想种好绣球，还需要肥料充足。对于老枝开花的品种在8月左右完成修剪。

欧洲月季墙

今年的欧洲月季墙整体比去年高了很多,随着月季的长大,估计"欢笑格鲁吉亚"和蔷薇的高度可以在3米,宽度可以在5米。

水栓

看了很多国外的图片,便想着在花园里做一个水栓,不仅可以隐藏难看的水龙头,也可以让花园更美观。使用了一根两米长的大方木,根据设计的长度(70~60~50厘米),在木材市场就让工人锯成三段。在长70厘米的方木背后凿开水管宽度的槽和开一个和水龙头一样粗的孔,然后将水管和龙头安装上,再砌上水池,水栓就这样完工了。水栓刷了白色,为了增加整个环境的协调性,每根木柱上还贴了一块方砖。后来在水栓位置地面增加了防腐木平台,洗刷东西的时候可以防止溅泥。

巧手收拾后,水栓也变成了花园里的风景。

左图：黑人椅。
右图：石磨水景区。

黑人椅

2015年的春天，捡了一个废旧防腐木椅，回家大卸八块，从此开启了木工之路。所使用的主要工具：一把电圆锯，一把冲击钻（用来上木螺丝用），三角尺……深色的木料是捡的，亮色的木料是新买的。算上捡的和买的木料，椅子的成本价也就700元左右！

晾晒区

增加了一个晾晒衣物区，家人喜欢把衣物放在太阳下晒，说有太阳的味道。就特别增加了一块晾晒衣物的区域。用的是三层可升降手摇晾衣架，不用的时候收起来，并不影响花园美观。灵感来源于很多漂亮的露台、阳台和花园。

石磨水景区

去年增加了一棵柠檬色的枫树，一方面提高这个阴暗区域的亮度，另一方面提高水磨区域画面的层次感。周边还种了很多玉簪。玉簪、矾根、仙鹤、竹子的属性和复古的石器是一致的，便有了日式风的味道。这是隔断分区域的另一个好处：同一个花园可以拥有不同风格的区域存在，现代风格与复古石器并存。

我的秘密花园 | 庭院篇

鸟巢门和虫窝门

刷上不同色彩的鸟窝，装在拱门上，便是一个别致的鸟巢门了。生态花园里很多都会有个昆虫屋，便做了这个虫窝门，还没有完工，视觉效果已经不错了。

花园小路

以前的花园小路是鹅卵石的，随着花园的改造，鹅卵石已经与整体风格不协调。于是就在小路基础上铺了一条笔直的瓷砖路。有人问笔直的小路不是一眼能望穿花园吗？这就是我为什么要做花园隔断墙的原因，用隔断墙将小路的视觉错开，使得每一个区域都是独立的，每走到一个区域都会有亮点吸引眼球。

菜园区

在花园的最里面是菜园区，也是我的"后宫储备区"，很多状态不完美的植物会放在这里。

【花园是用来生活的】

有的时候我们会去不停地种花，种到连插脚的地方都快没了。这个时候我们就要停下来思考，种花是为了什么？我想种花是为了更美的生活，也是丰富自己和家人的精神生活。拒绝做植物的奴隶，去享受花园。所以适当增加花园的生活区，可以在花园里会客、插花、摄影、烘焙，还有和宠物一起的快乐时光。花园生活延伸了室内生活，可以认识很多新朋友，不断提升自己的审美。

（左页）
上图：在路边摊上买回的喂鸟器。
下图：被雪覆盖的喂鸟器，好像童话里精灵的家。

（右页）
皮质工具套与鲜花和谐的在一起，就是花园的美好日常。

黑人霖的花园秘笈

木制品 DIY

国外的花园中有很多"毒物",但是缺少进口路径,即便进口过来,价格也是非常昂贵,要想拥有只能靠自己 DIY。以上的木制品都是做成之后上一层原色木油,然后刷所需油漆,我觉得这样防腐性会更强,可以室外风吹雨淋,市面上很多园艺木制品都不耐雨淋,DIY 又省钱又结实。

绣球种植诀窍

江浙沪种植绣球不妨用盆栽,方便移动。冬季将盆放在全日照区域吸收阳光,开花后恰好是天气变热的时候,把绣球放置在半阴位置,不仅不会晒焦叶片,花期也会变长。另外想种好绣球,还需要肥料充足。对于老枝开花的品种在 8 月左右完成修剪。

左页图:储物柜用来收纳各种工具、土、肥、杂物、盆等,院子整体就会很整洁。

右页图:长桌区的柜子上摆满了各处收集来的杂货。

我的秘密花园 | 庭院篇

快乐农妇与小木匠的山居花园生活

图文 | 快乐农妇

山居花园生活，不仅激发了人的潜力和动手能力，成就了我们美丽的花园和今天的小木匠；如今我们与大自然相处的方式早已发生了根本的改变，而不仅仅是改变了我们自身的生活方式。

——快乐农妇

（左页）
上图：自家果实累累的杏树。
下右：随随便便就可以采到满筐蔬菜。
下中：自己种的胡萝卜。
下左：瓜们开会。

主人：快乐农妇和小木匠
面积：700 多平方米
地点：河北石家庄
花园介绍
我们的山居花园生活始于 2007 年，是从有了一处 700 多平方米山上的院子开始的。不过刚开始只是一座布满裸露石块、中间有个空荡荡的大房子和几棵大槐树的上下两层大院子。经过几年时间不断地改造之后，以前的大院子在我们手里已经变成了百花园、百果园。

蔬果花园。

有了院子开始种树

我们的山居花园生活始于2007年，是从有了一处700多平方米山上的院子开始的。不过刚开始只是一座布满裸露石块、中间有个空荡荡的大房子和几棵大槐树的上下两层大院子。怎么建造花园脑子里根本没有任何概念，也几乎没有任何可以借鉴的经验，一切完全按照自己的想象去做，这也导致以后几年我们一直处于花园建设过程中。

由于山居远离市区，所以只有周末我们才有时间打理院子，尽管如此我们还是因为有了院子而欣喜万分，只是那时候根本没想到山里这处院子会完全改变我们的生活。

有了院子，自然首先想到的是种树、种菜和种花。为了种树，我们跑遍了周围可以找到树的所有地方，把所有同学都动员起来为我们找树，最好是大树种下就可以结果。山居的头几年我们几乎把北方所有能种的花果树都栽种到我家院子里，其中有9棵柿子树、3棵桃树、3棵黄金梨、2棵苹果树、2棵樱桃树、2棵红果树、6棵石榴树、8棵枣树、4棵杏树、几十棵核桃（主要种在院前的山坡上）、6棵香椿、20多棵葡萄、10棵树莓、1棵玉兰、1棵榆叶梅、2棵樱花。

明眼人一看便知一亩的院子怎么可以种这么多树呢？是的，两三年后我们就开始伐树。先是把地中间的几棵大桃树伐掉，因为它太影响种菜，后来随着柿子树越长越大，也不断砍伐，直到五六年以后院子里的树才疏密有度，我们也过上了差不多半年不间断有果子吃的幸福生活。

上图：郁金香小径。
下图：凭栏眺望的百合。

种花和种菜两不误

种菜相对要简单一些。我们从自己最爱吃也比较好种的西红柿开始，头一年种了两畦西红柿，想不到它的产量极其高，每周上山都可以摘两大盆西红柿，足够几家一周的食用量。后来慢慢才知道调整蔬菜种植结构，实行多品种少量种植，也才有意识建造蔬菜花园，并很荣幸获得《美好家园》有机花园奖。

种花跟种树、种菜相比要困难得多，建一个美丽的花园更难。因为那时候中国的家庭园艺才刚刚起步，只有种花的概念，还没有园艺的理念。卖花苗的很少，更没有网购花苗的店铺，园艺方面的书也非常少，好在后来找到藏花阁等养花论坛开始学习。之后是到处找花苗，曾驱车百里拉了满满一车花，但种到大院子里跟没种差不多；后来开始撒播花种，有一年蔡丸子拍的我家野花组合甚至还登上《时尚家居》；再后来慢慢了解了各种花的习性、株高、花期、花色等特性，也才开始进行植物搭配。

种花的同时，我们两个也在不断进行花园的硬件建设：我们从周围找来石头自己铺园路，小木匠自己搭建竹凉亭，自己制作木栅栏，自己搭建花架等等。终于在六七年后，一座上下两层、分工合理的美丽花园从我俩手中诞生。

山下的村民经常戏称我们是"劳动改造"。在他们眼里，我们放着他们向往的好好的城里日子不过，跑到山里来，不是来找罪受、来劳动改造又是什么？他们不知道，我们非常享受"劳动改造"的过程和结果。因为通过"劳动改造"，我们的庭院变成了"百果园"和"百花园"，我们和他们一样吃上了有机蔬菜；更主要的是，通过"劳动改造"锻炼了身体，享受到了城里所没有的清新、安静的自然环境。

爱上山居生活

那几年,总是四处找树苗找花苗,一旦得到了,因为担心种植太晚会影响它们的成活率,不管什么时候都是很快便上山去栽种,很多时候是我一人驾车往山里的家走。独自驾车走在车辆稀少翻山越岭的山路上时,心里倒没有一点害怕,反倒满心欢喜,去的时候一路走一路想着要把这些花种在什么地方,回来的时候便想着花开的样子。

除了冬天以外的几乎每个周末,我们都是在山上度过。每到周五下班后都是兴冲冲上山,好像去赴一场约会。晚上到家后,无一例外要做的第一件事就是先上下视察一遍我们种下的瓜果蔬菜,春天的时候我们经常是把树皮用指甲抠开一点点看看是不是绿色的,如果是,说明它们是活着的,之后更是每一次上山都是满满的惊喜。

浇水、移栽、修整院子,是那几年一成不变的山居花园生活内容,奇怪的是从来没有厌烦的时候。并且自从做了农妇以后,对周围景色变得敏感起来,开始关注起周围的花花草草,经常是一边欣赏着周围景色的变化,一边想着有哪些美景可以复制到我们山上的家里。生活变得异常充实,人也变得简单了。

每个周末都有干不完的活,没有时间忧愁和烦恼,以前周末和朋友的推杯换盏也没有了,心变得更加平静。

小木匠成长记

而小木匠之所以成为今天的小木匠,也是从我们的山居生活开始的。最早是看到邻居二哥自己安装楼梯,他说:"我也可以做吧。"一试,果然左

他的能力范围内，只是想不到从此一发不可收。先是做了1张吃饭的大桌子、4把椅子，后来搭建了我们山居大院的标志性建筑——竹凉亭，再后来开始试着做大衣柜、床、床头柜、五斗橱、门厅柜等等，好像也没有任何难度，一次次让我对他刮目相看。

以前的大院子虽然在我们手里已经变成了百花园、百果园，但因为远离市区，只能过周末山居生活，而花园生活的实践已经让我们深深体会到一周只能在花园里生活两天的种种不便利和不满足。于是，2014年，我们开始了又一个小花园的建设。这一次的花园建设因为积累了几年的建设经验，只用了一年时间便初见成效。

而小木匠则因为那几年的木工积累已经可以在这边山居空空的大房子里施展自己的抱负和才华——所有的家具他都要自己来做。不到两年的时间，他自己做了楼梯、橱柜、大桌子、长条桌、沙发、多功能电视柜、吊灯、7扇门和所有的门套、无数窗套、3张大床、4个床头柜、3个浴室柜、4个门厅柜、封阳台、装饰衣帽间，以及室外木门、木栅栏、木地台等等。他再次地刷新了我对这个一起生活了几十年的人的看法，完成了楼梯、沙发、封阳台，并且一点不比买来的差，甚至更环保、更实用，而他所做的这一切都是在周末和下班后的所有业余时间里。

金三胖和小雪

山居花园生活当然不能没有汪星人。有了天天生活的山居便有了饲养汪星人的条件，金三胖和小雪两个金毛犬先后来到我家，虽然饲养管理它们比较麻烦，但是它们还是为我们的生活增添了很多欢乐，从进到我们家门的第一天起它们也就成为了我们的家庭成员。

本园曾获得《美好家园》有机花园奖

（左页）
左图：藤月花墙。
右图：小木匠自制的白色长椅在花园里格外醒目。

（右页）
上图：专心工作的小木匠。
下图：玩耍的金三胖和小雪。

我的秘密花园 | 庭院篇

南院整体为无障碍区域，所有的活动区域都在一个水平面上。

兰苑——北方的四季花园

图文 | 咖啡

在兰苑,随处走走看看,花园的每一处景、每一朵花、每一块石头,都能让人心生欢喜,都可以驻足品味。时光仿佛在这里凝止了。

——咖啡

园名:兰苑
主人:咖啡
面积:310平方米
地点:北京
花园介绍
栖水而居,拥有一个自己的小花园,相信这一定是很多人的梦想。多年之后,我们终于在北京之北、官厅水库的南岸,觅得一处乡郊小院。自那之后,一头扎进园艺世界,从小院的设计、建设、改造到落成,历经3个春夏秋冬。喜欢自然英式花园风,又考虑到社区法式建筑环境,H园艺公司在做景观设计时兼顾美学和实用,增加了些许对称的法式元素,进行植物设计时搭配了几十种、近千棵宿根花卉、欧洲月季、花灌木、果树和观赏乔木,按照区域打造不同色系的主题花境。小院最终被精雕细琢成四季可赏、错落有致的宿根花园,我叫她"兰苑"。

兰苑一共310平方米,分为北院(60~70平方米)、东侧院(60~70平方米)、南院(180平方米)。

我的秘密花园 | 庭院篇

花园的打造

日照时间最短的地方以耐阴、喜阴的灌木和宿根为主，打造成矾根和玉簪花境。林阴下是芍药花境。在花友橘子妈的推荐下，这片区域将要种下两棵紫斑牡丹，来年真的变成牡丹、芍药园了。牡丹富贵，芍药喜庆，早春花开时分，这两种花组成的花境必定会带来幸运。

东侧花园整体落差达到近2米，是通往下沉式南花园的必经之地。在设计讨论过程中因地制宜，打造成台地式岩石园。岩石园的岩石来自附近村子里的河滩边，台地园的最下一级台地与鱼池边的驳岸石、汀步也统一了风格，自然过渡。

兰苑的中心区域设计成海螺形状的宿根花带，搭配时除考虑花卉的开放季节、颜色，还兼顾了竖状、圆形、收拢或发散的姿态。从春到冬，穿插种植了多种宿根植物。早春的球根植物、郁李，初春的宿根耧斗菜、滨菊、鸢尾等，初夏的芍药、飞燕草和'粉公主'锦带，秋季的紫菀和白菀，冬季的云杉……意在营造最为精致的核心和四季花境。从目前的表现来看，果然是不负众望，季季有花看。

鱼池的整体过滤系统用了整整三个月才建造好。单独修建了比观赏鱼池更大的、标准分仓式的锦鲤过滤池，可以做到一年清理收拾一次即可。整个过滤池隐藏在木质休闲平台下，既实用又美观。观赏池里的水体看着黑亮黑亮的，想必鱼儿们也是住得自由、欢畅，最近还发现了几十条约一指长的小鱼苗呢。

在中心区域的两侧则是单品较为集中的月季园、菊园。从春季到秋季，欧洲月季和柳叶白菀次第开放，营造着多季花园。五月，将入夏。清风，白云。在月季园里劳作是最幸福的事，淡淡的香味就像香水给人的无限遐想。九月，菊花傲霜开放，"不是花中偏爱菊，此花开尽更无花"。

南院是我的最爱。三季花园，在这里有最集中的体现。春有月季，夏有芍药，秋有菊花，缤纷的色彩在时光中流连。我最喜欢在南院的休闲平台上，手捧一本自己最爱的书卷，沉醉在花香中。不知不觉，暮色向晚，花香依然。

南院整体为无障碍区域，所有的活动区域都在一个水平面上。从整体规划上，用中心的圆弧形的园路连接了方形的休闲平台、廊架和不规则形状的鱼池，视觉上柔和，风格上更为统一。木栈道围合着鱼池，既方便近距离欣赏锦鲤，也方便打理周边的花草。

周末是最值得期待的时光。远离城市的喧嚣，亲自打理花园，看着它们生长盛放，闻着植物的芬芳，品味着自然的馈赠，觉得幸福和快意的人生也不过如此了。但也因为只能周末去整理花园，各种自动化装置是花园在进行基础设施建造时就考虑到的关键环节。

左图：岩石园通过与碎石、岩生植物搭配，营造出一派富有自然野趣的岩地之景。
右图：木栈道围合着鱼池，既方便近距离欣赏锦鲤，也方便打理周边的花草。

左图：北花园入户门处的花境设计以菊科为主，错落有致，五彩缤纷，热烈开放迎接宾朋。
中图：大花葱。
右图：在花园里享受好时光。

花园间心境

　　喜欢独处，也喜欢周末与朋友们在兰苑小聚。在朋友们来之前，剪一些鲜花，随性插一瓶花。铺好桌布，泡好茶，摆上几样美貌味香的点心，简单的早茶或下午茶，静静的等待朋友们的到来。

　　也喜欢与朋友们一起享受花园晚餐。夜渐渐黑了，点上蜡烛，火苗跳动摇曳着，灯珠也亮起来，似天上的繁星闪烁。音乐轻轻萦绕、流淌，抿上一口红酒，深呼吸，就能闻到土地的芬芳、月季的甜香、荆芥的草香，和美味的食物融汇在一起，构成浪漫、轻松的花园夜晚。

咖啡的周末花园秘笈

1. 因为只能周末去整理花园，在3个不同区域的花园安装了4个控制器进行自动浇灌，免去了每天要花费大量时间来浇水。
2. 春、夏时节，用上自动浇灌液体肥套装设备，大面积施肥问题也迎刃而解。
3. 院子里的鸽子也是通过安装了自动放飞、自动喂食、自动饮水设备解决了信鸽们游戏玩耍和生活之需。
4. 同时，在鸽舍下修建了堆肥池，发酵鸽粪给花草提供有机肥，自产自销、绿色循环。

我的秘密花园 ｜ 庭院篇

花园：耳朵的花园
花园面积：60平方米
坐标：浙江嘉兴
主人：耳朵
花园介绍
院子是个长条形，和住房齐平，3个开间的长度，12米；两侧进深稍有差距，在4.75~6米的样子，拼拼凑凑大约60平方米。历经无数波折，经过几年的努力终于脱胎换骨，小院发生了翻天覆地的变化。"耳朵的花园"渐渐趋近梦想的样子。

管它有钱没钱，有时间没时间，有经验没经验，来嘛，姑娘，一起喊：茄～子！！！
——耳朵

梦想，是一种信仰
——"耳朵的花园"养成记

图文 ｜ 耳朵

作为一个园丁,在成长的路上一定没少听到这样的明示或者暗示。而我就是那个没有很多钱,没有很多时间,没有很多经验却对园艺跃跃欲试的"三无"人员。好在这个愣头姑娘倔得跟一头驴似的,对这些煽风点火垂头丧气的话总是充耳不闻,一个人闷声不响,潜心跟梦想较劲,几年后的自己终于脱胎换骨,那巴掌大的小院也翻天覆地。"耳朵的花园"渐渐趋近梦想的样子,好像慢慢也成了朋友口中"别人家的花园"。

那么,这算不算是一次成功的逆袭?

当然这一切的前提是，我得有个花园。我不否认，幸运总是来得有点意外。十几年前小城的商品房刚刚起步，1楼和6楼都遭人嫌弃，三四楼则都是一抢而空。房产公司为了促销，6楼送露台，1楼送花园。我却觉得6楼的大露台阳光房可以看流星雨，1楼白色栅栏的小院可以芬芳满地，一切都浪漫得不可思议。暗合我二十岁时那个白色栅栏的花园梦想，我们愉快地选择了一楼。

　　自从得到了这个梦想中的白色栅栏的院子后，我立马觉得生活"洋气"了很多，每每看到西片里气质优雅的主妇，我的代入感不自觉地强烈起来。家里人也高兴坏了，来帮忙带孩子的老妈也觉得生活"阳气"十足，还没等我行动，就在院子里拉了几条废旧电线，晒起孩子尿片来毫不收敛。爷爷奶奶也是很来劲儿，先送来两棵土月季，一棵红色，另一棵黄色，一棵种东边，一棵种西边；不久又送来两棵土茶花，一棵是红色的，另一棵也是红色的……

　　我觉得我的地位受到了严重的威胁，我也管不了什么玫瑰花园了，先种它几十棵明媚的向日葵，声势浩大占领个地盘再说……

　　这么看来我早期的花园生活也极其逗比像一场闹剧。不过很快，剧情急转直下，轮到我的生活变成一场闹剧，鸡飞狗跳，一地鸡毛，小院也变得无足轻重，植物生死不明。直到2008年，我痛定思痛，开始在混凝土上种玫瑰；但我在网上淘来一堆藤本月季图片看起来很美长出来却让人心碎。

　　种植毫无经验，挖坑埋下，一切靠天吃饭，花草自负盈亏，我基本袖手旁观。长得美的都被邻居大妈悄悄挖走，长得丑的很快死于我的意念。好在我也百折不挠，权当练手，积累经验。真正打造现在的院子，已是2012年那个阳光明媚的秋天。

院子是个长条形，和住房齐平，3个开间的长度，12米；两侧进深稍有差距，在4.75~6米的样子，拼拼凑凑大约60平方米，中间还被笨重的楼梯占去了好大一部分。当然有楼梯也是好的，院子的立体感就出来了。而且江南的一楼普遍潮湿，有个架空层，住房就理想很多，院子里的虫虫怪怪也可以隔绝开来。

我对院子的面积其实有点耿耿于怀，一眼望尽，很难做到曲径通幽、柳暗花明。春天，如若花繁叶茂，就更显拥挤。每每有人提出要来"参观"院子，我都诚惶诚恐。但有人提醒我，别贪心，有些人的住房还不足60平方米！老实说，这个巴掌小院让我一个人做市面，其实也已足够。没错，拥有即要感恩！

我并不是一个见识广的人，身边也没有任何经验可以借鉴，跟很多花友一样我对造园豪情万丈却完全不懂章法，自始至终只凭一腔原始热情，想到哪里做到哪里。当然这么"任性"和不专业的另外一个重要原因，是我囊中羞涩，我没有能力一次性为院子投入很多来作一次全面的硬装，这真的是我的硬伤。

第一次咬紧牙关为院子投资,是沿着楼梯四周为自己铺了一条规规整整傻里傻气的红色透水砖小路。当时唯一的目的是不想每次下院子都拿着棍子小心翼翼敲打每一寸草丛,唯恐草丛里窜出一条蛇怪平白无故取了我性命!尽管以我现在的审美很想把这条路给撬了,但当初也是成就感满满,觉得这勒紧裤腰的1300元花得太值了,从此下楼我都可以蹦蹦跳跳了。第二次花钱,是更换那被风吹雨打的七零八落忍无可忍的白色木栅栏,一共花了2245元,我小心肝那个疼啊。再后来,我又忍无可忍把一侧光照、土壤等种植条件极其没有改造价值的地方铺设了防腐木,做了一个不足5平方米的休憩平台,花了2300元。2016年的秋天,我再次历经身心俱煎,亲手拆了那堵让我百爪挠心的铁线莲花墙,打造了一架我心心念念的欧式廊架。至此,我可以心安理得死心塌地去喝西北风了。

至于余下的事情,我全部以"一个人能完成""省钱好看"作为行为基本准则,因为一切都需要靠我那两只骨瘦如柴且并不灵巧的手。我学会了看图纸,拧螺丝,刷油漆,木箱、木头拱门、铁艺花架全部自己动手安装。装了拆,拆了装,倒了扶,扶了又倒,两手血泡;人不够高,手不够长,力气不够大,自己跟自己较劲较得只差嚎啕大哭。

我的秘密花园 ｜庭院篇

在土质改造之前，所有的花境养成全凭运气，不会转弯的脑袋只知道沿着栅栏种一圈又一圈，完全忽略了小院的土质。

但是刨开20厘米深的表土，整个院子都是令人绝望的灰色混凝土，蛇皮袋装着垃圾整袋整袋埋在下面，水泥吊桶、塑料薄膜、砖块、大理石碎块，一锄头下去，火星四溅……

好在这个愣头姑娘倔得像头驴，认定的事情死磕到底。一个脸盆一双手，花园薄土层下无边无际的建筑垃圾竟然被我更换了一遍。几十袋新土，由于车子送不进来，我从路口一步三歇一袋一袋挪回来。那种劳累，就是坐在地上再也不想起来，躺在床上再也不能动弹，拿个筷子手颤抖不已，动下嘴皮都觉得力不从心。而所有的劳作都是见缝插针，一分钟掰成两半花，整天激情四射斗志昂扬。

现在回头细看，都觉得自己不可思议，唯一能解释这种变态行为的理由，只有一个："梦想，是一种信仰。"

我的秘密花园 ｜庭院篇

  每一朵努力绽放的花朵都值得歌颂，每一个努力的人都应该得到褒奖。园艺最让人欢喜的地方就是一分耕耘一分收获。看，每一个繁盛的枝桠都开着梦想的花朵，蝴蝶在我手心驻留，小鸟在花枝啁啾，一切都好像上天给我掉了一个大馅饼，好像不曾有过汗泪交织，好像不曾有过天人交战，一切都被幸福占据！

荷花池上的小桥。

造园过程中我也犯过很多错误——曾经以为，铺好道路，有了假山、池塘、藤架这些基本要素，其余位置只要随心所欲种上喜欢的植物就好。事实却远没有这样简单，如果不把花境化整为零，到了北京多雨的夏季，所有美丽的植物都会疯长起来，毫不客气地彼此倾轧，而酷热的天气和可怕的蚊虫让你根本不可能走进草丛去照顾它们，只能眼睁睁看着它们倒伏得一塌糊涂，在秋天还没到来前就变成一片荒草。而那些可供行走的汀步石，早在 6 月就找不到它们的影子了。

主人：广藿
花园面积：800 平方米
坐标：北京
花园介绍

大约 6 年前，我拥有了自己的花园，在北京郊区，大约 800 平方米，那个时候私家景观设计师还不太普及，干脆就自己设计了。我更喜欢开阔的、秩序感的、对比强烈的美，喜欢梵高远胜于八大山人，喜欢巴赫远胜于肖邦，就花园风格而言，也是意大利和法国宏伟的古典式花园最能打动我心，虽然限于条件不能将其完全复制，但它们的风格深深影响了我在花园营造中的选择。

让你的花园替你说话

图文 | 广藿

我更喜欢开阔的、秩序感的、对比强烈的美，喜欢梵高远胜于八大山人，喜欢巴赫远胜于肖邦，就花园风格而言，也是意大利和法国宏伟的古典式花园最能打动我心。

——广藿

于是我用了一冬天的时间设计、画图、选材料，在第二年春天把花园进行了大刀阔斧的二次改造。很多国外花园书里会提供设计案例，多买几本，选择和自家花园条件相近、和自己喜欢的风格吻合的，照猫画虎就好。工人拉来附近拆迁留下的一车旧红砖，铺设了高低错落的长方形花池和一座平台。砾石路是我一直喜欢的，也是欧式花园重要的点睛要素。听很多人抱怨过，砾石路不适合北京，用不了几年就会被灰尘和杂草湮没。其实，只要铺上一块地布，再盖上有足够厚度的石子，就能很好地防止杂草。

园子的西北角紧靠菜园，大约有100多平方米的面积，原是一块低洼地，杂草丛生，我把它改造成了一直想要的月季园。所有的构筑物一律使用白色，全力衬托花朵的绚烂。木凉亭和铁艺拱门、花架都是定做的，其中木凉亭的造型来自波士顿的一座花园。

月季园中的白色石子路在铺设前经过了审慎的考虑，毕竟北京风大土大，白色的路面并不是最适宜。最终的方案舍弃了地布，底部直接用水泥硬化，两边用红砖紧密排列做成围边以利排水，然后在沟槽内铺满白石子，再在上面放置汀步石。落叶的问题可以用大功率吹叶机解决，白石子大约每5年铲出来清洗一次即可。即使是无花的季节，白色道路与白色凉亭、白色拱门、白色花架，也能构成花园中最醒目的焦点，尤其是在阴暗的天色或是月光下，仿佛大雪铺地一般皎洁浪漫。

月季园北边的狭长后院，第一年是一片野花草

左页图：白椅子是花境的点睛之笔。
右页图：玫瑰园的入口。

我的秘密花园 | 庭院篇

地，夏季绚烂的时候真的很美，但同样会遇到倒伏的问题。于是转过年来，我把这里也铺上了地布，再铺上厚重的大号渗水砖，留出位置建了3座木制方尖碑，每座方尖碑爬一棵月季、一棵铁线莲，以此和月季园中的花朵形成呼应，使月季园的存在不至于太突兀。

不到两年工夫，长势旺盛的藤本月季几乎要把2米高的方尖碑完全吞没，每年5月底也成了我家花园最美的季节。

另一个曾经令人头疼的角落是园子西南角的小山，中国人造园总喜欢有山有水，这座小山紧靠荷花池，近水的一侧叠了山石，做了瀑布，相当漂亮，可背面只是用黄土简单地垒高，很快就长满荒草。两年后终于下决心把这里改造成岩石园。中国传统花园里没有什么岩石园，只有假山。假山寸草不生，岩石园的主要目的却是为那些低矮美丽的高山植物提供生长空间。

所以施工前一定要和师傅沟通好，简单一句话——要土包石，不要石包土。工人们运来两大车山石，还动用了吊车，土山总算变成了石山。我在石缝中种植了熏衣草、美国薄荷、绣线菊、玫瑰、卫矛、花叶草庐……主角则是各种景天。第二年又在山顶建了一座小凉亭，顶上爬一棵亭亭如盖的紫藤。现在，曾经棘手的荒山反而成了园中最整洁、最好打理的一角，在凉亭下挂一只大号铜管风铃，风起处，花园中便回荡起欧洲小城的教堂钟声。

说到花园控们最喜欢谈论的植物种植问题，借用已故香港时尚评论家黎坚惠的名言——"购物的最大诱惑，是本地无。"具体到花园中，常见东北园主闹着要种三角梅，广东园主闹着要种海棠树。不是不能成功，但往往要付出十倍的精力与财力。不说别人，我也曾无数次在园中试种鲁冰花、香豌豆、法国熏衣草……可那些在国外花园中开得如梦如幻的家伙到了我的花园里，轻则水土不服，重则一命归西，甚至根本就发不了芽。

北方的秋景茂密幽深。

(左页)
上图：高低错落的荷兰菊。下图：沐浴阳光的大花萱草。

(右页)
左图：有垂枝海棠的春天。右图：在小山上俯瞰荷花池。

　　痛定思痛，什么是最好的？适合的才是最好的！北京冬天的酷寒与碱性土壤种不了那些五彩斑斓的绣球和杜鹃，但是牡丹、芍药、月季……这些美丽的蔷薇科植物偏偏要经过严冬的洗礼才会开得更艳呀。

　　如果实在放不下某种花园情结，你也可以寻找相似的替代物。比如草坪，一片如茵的绿草确实会为欧式花园"提气"，但对北京的家庭花园来说，完美草坪不易得。首先，草皮造价相当可观；其次，草坪需水量非常大；再次，草坪一周起码要修剪一次，特别是在夏天——对蚊子来说这真是个天大的喜讯。

　　其实，匍匐福禄考、垂盆草、穿心莲、佛甲草、匍匐百里香……以上这些植物都可以替代草坪，并能在北京成功越冬。特别是匍匐福禄考，它极耐寒、耐旱，可以有效覆盖地面，控制杂草。一年有9个月观赏期，每年春天能开成一片壮观的绣花针垫。只是有一点必须提醒一下，这些草坪替代物有个共同的特点——不能踩！

　　再说熏衣草。人人都爱熏衣草，但能够适应北京气候的熏衣草品种太少，很难种出照片中的"普罗旺斯"效果。与其年年栽种，年年伤心，你不如改种同样有直立蓝紫色花穗的荆芥、藿香、婆婆纳、分药花或者鼠尾草。

　　这其中在北京表现最好的就是鼠尾草，嫌年年种植太麻烦就选择宿根鼠尾，坚持花后修剪，一年能开四五茬，它的株型和颜色与熏衣草最为接近。为了得到轻盈浪漫的效果，我在花园的中心位置造了一片蓝白色花境，宿根鼠尾草'蓝山'、'雪山'和'五月夜'是其中的骨干植物：每年5月，它们与浅粉色的蔷薇，丝绒质感的猩红色藤月'福斯塔夫'同时达到盛花期，是整座花园最具梦幻色彩的一角；蔷薇花落，纯白的"雪山"又成为我家那棵巨大的紫色铁线莲'波兰精神'完美的前景；一直到仲秋时节，星星点点的鼠尾草还可以与盛开的紫菀和邱园蓝茇形成呼应……无论主角是谁，蓬勃的鼠尾草永远是蓝白花境中最忠实、最出色的配角。

　　如果说6年花园生活让我悟出了什么道理，那便是一句话——与大自然合作而非对抗，你便能收获最美的结果。

广薰的花园秘笈

1. 听很多人说砾石路不适合北京,用不了几年就会被灰尘和杂草湮没。其实,只要铺上一块地布,再盖上有足够厚度的石子,就能很好地防止杂草。
2. 适合的才是最好的。北京冬天的酷寒与碱性土壤种不了那些五彩斑斓的绣球和杜鹃,但是牡丹、芍药、月季……这些美丽的蔷薇科植物偏偏要经过严冬的洗礼才会开得更艳。
3. 其实,匍匐福禄考、垂盆草、穿心莲、佛甲草、匍匐百里香……以上这些植物都可以替代草坪,并能在北京成功越冬。特别是匍匐福禄考,它极耐寒,耐旱,可以有效覆盖地面,控制杂草。一年有9个月观赏期,每年春天能开成一片壮观的绣花针垫。只是有一点必须提醒一下,这些草坪替代物有个共同的特点——不能踩!

左页图:芒草照拂的秋天。
右页图:和谐的色彩搭配。

我的秘密花园 | 庭院篇

《塔莎的花园》里面有一句话对我影响至深："如果一个人自信地朝着他的梦想前进，努力创造他想象中的生活，那么他便会在平凡的时日与成功不期而遇。"

——Yilia

花园主人：Yilia
花园面积：280 平方米
花园地点：四川成都
花园介绍
围绕着建筑可以把院子分为前中后 3 个区域，每个区域都有各自不同的风格和功能。前院大概 60 平方米，基本全硬化，入户的木架上爬满了白木香和三角梅，这里便成了狗狗躲避酷暑的好去处。在前院有限的区域里，5 棵乔木围边，形成了一个天然的植物天井，紫薇、垂丝海棠、铁脚海棠、杏子树、石榴春天竞相开放，秋季硕果累累。

生活都透着花香
——成都 Yilia 的小院

图文 | Yilia

在拥有了这样一个院子后，我也从最初的幻想、实施到现如今的四季繁花，一步步打造出了自己的心灵乌托邦。在这里可以放空，可以安顿家人的疲惫，可以感受大自然的美好！春去秋来、常驻厮守，也习惯了植物在这里肆意疯长、随遇而安。偶尔一日不见也会如隔三秋，每一棵花草早已铭记在心。朋友们总说我是行走的花卉百科全书，我觉得我只是做自己喜欢的事情，大自然是不能复制的，我能做到的，只是在花儿最美的一瞬间记录它们，因为它们是用生命在怒放。

右页图：成都的夏季多雨潮湿，所以用天然拙朴又透气透水的火山石做为通往前院的路面，既实用又美观。

我的秘密花园 | 庭院篇

上图、下图：选择壁挂的小物件，完全凭感觉，只要能做到杂而不乱，便对了。

跟大多数花友最初的状态一样，我也超级喜欢买本地没有的品种，可能是女人的天性，总喜欢独树一帜、标新立异。只要花市没有的品种，在网上看对眼了，都会搜罗到家里，不管适不适合当地的环境气候，种下便是希望。我喜欢希望，希望是个好东西，它会让你的生活每天都朝气蓬勃、神采奕奕，我就像一只好奇的猫咪，总盼望结果和我期望的一样。当然也会有失败告终的时候，但因为这样才学会了怎么配土、育苗、杀虫、浇水、施肥……也完成了花小白到园艺达人的完美蜕变。

围绕着建筑可以把院子分为前中后3个区域，每个区域都有各自不同的风格和功能。前院大概60平方米，基本全硬化，入户的木架上爬满了白木香和三角梅，这里便成了狗狗躲避酷暑的好去处。在前院有限的区域里，5棵乔木围边，形成了一个天然的植物天井，紫薇、垂丝海棠、贴梗海棠、杏子树、石榴在春天竞相开放，秋季硕果累累。

前院

地面用排水透气的火山石铺设，毕竟成都的夏季潮湿多雨，不仅可以防滑，另一方面是这种材质既有质感也不轻易长青苔，又方便打扫。为了不让前院整体看起来单调刻板，我做了很多小景。朋友送了一对马槽，被我利用起来种了花草，使硬朗的墙面顿时有了生趣。我又将彩色的鹅卵石拼成不同的图案，搭配上灯龛和小物件，配上春雨的背景，便有了小小的禅意。

顺着楼梯向上走，整个露台便是我的多肉王国了，木格上挂着自己制作的多肉相框，静静地享受着冬日的暖阳。这里既通风又避雨也挡西晒，一百多个多肉品种在这里安家落户，组建成了一个欣欣向荣的大家庭，每天与它们为伴，让它们在爱中成长，我也因为照顾它们拥有了一份好心情。

中院

顺着前院往里走，是一个狭长规矩的通道，大约40平方米，我将它打造成了一个阳光房。一直比较喜欢日式杂货风格，这里便成了自己发挥天马行空想象力的地方。这里会让访客和自己的内心变得柔和许多，各种DIY多肉组合搭配着精心挑选的日式杂货和随意摆放的植物，每一样小物件随着时间的冲刷越来越有味道，与四周的环境相得益彰。白色的百叶窗屏风让整个阳光房多了一份文艺气息，上面点缀着多肉花环和月亮船，让这个杂货庭院的表情更加丰富起来。这里就像童话世界一样，任何一处小景都是一个故事。每年5月，南墙整面盛开着风车茉莉，小小的花瓣随风摆动，香气四溢。大面积的堆积效果给这梦幻般的童话世界增添了一丝丝甜蜜。

左图：多肉画框、多肉盆栽，把多肉玩个透彻。
右图：阳光房一角。

我的秘密花园 | 庭院篇

左图：通往后院的阳光房里，上演着杂货与植物的亲密故事，植物让花盆灵动了起来。一盒石生花的首饰、一头姬小菊的希腊男子……
右上图：通往后院的小径两边长满了美女樱。
右下图：秋天里不可或缺的红枫。

后院

后院是去年改造的重点，蜿蜒的砾石小径两边种上了细叶美女樱，这可爱的宿根草本，花开艳丽，美得不可方物。

顺着汀步往左便是和朋友叙旧聊天的茶室，茶室两面通透，周边的栅栏上种着各色垂吊小天，营造出丰富的层次感。茶室外种植了一颗丁香树，只因为了满足我家先生的丁香情结，我跑遍了整个花市，最后，那株来自山东一个不知名乡下的丁香，就这样在我们大成都落户了。今年3月它的盛开，足足让我欢喜了好一段时间。从茶室向外望去，整个后院收入眼帘，如同一幅天然画卷，随着四季变化，色彩纷呈、变幻多姿。清清闲闲一人独处时，用一壶好茶感知岁月静好，在这里坐看花开花落、云卷云舒、春夏交替，无不感叹大自然给予的美好恩赐。

后院以各式各样的树木为重心，穿插着各种花境，偶尔点缀些有趣的小摆件，使院区内生机盎然。蓝色的木栅栏将后院划分为两个区域，栅栏下种植了一排蓝色的绣球和各种欧洲月季。绣球是庭院必不可缺的调色板，这个位置刚好是半日照，对于绣球这样喜水怕晒的植物再好不过了。高大的李子树下摆放着白色的休闲桌椅，因为靠着南面，周边的植物大多选择喜阴植物：玉簪、落新妇、大花吴风草……有了这些植物，也会给人郁郁葱葱、欣欣向荣的感觉。这里总会让人期待树阴下的下午茶时光。因为喜欢蓝色，恰巧国外的某一张蓝雪的照片深深地触动了我，北面靠墙的花坛，我种植了一整面墙的蓝雪花，可以想象来年的这时，这片蓝色火焰熊熊燃烧的光景将是多么壮观。在丽江古镇淘来一块朽木皮，自己安装上铁架，翻过来便成了另一个喝茶的好地方。

（左页）
多肉植物是让庭院清新起来的魔法棒！简单的一个手工多肉花环就会抓住你的视线。

（右页）
左图：鹅卵石路上的心形球兰正在享受阳光。
右图：我引以为豪的多肉模特，用了两天的时间制作完成。玉坠正适合夏季生长，待它长裙翩翩时，你是否愿意和它共舞一曲呢？

　　加上天然的纹路和凹槽，种上一些多肉，虽然没有精雕细琢之美，却有着温和质朴之悦。邀三四好友，一壶好茶，甚是美哉！后面的藤架上由原来的紫藤换成了美丽的多花素馨，很喜欢多花素馨花团锦簇一片粉彩的效果。一个美丽的院子成型至少需要三四年的时间，要根据自己院子的朝向和光照合理地种植植物，随意且没有规划的种植，不光劳财费力，更可惜的是植物还没来得及绽放便已夭折。对待它们就要像守护着自己的孩童，看着它们成长，学会等待，最终它们会给你无比的惊喜。每到秋季，后院的红枫树便是一道亮丽的风景线，它总能迅速地抓住视野，不管从哪个角度看过去都令人啧啧称奇、赞不绝口。摘下几片枫叶做书签也是极好的！

　　多肉植物是冬季不可或缺的，喜欢它不光是因为它的乖萌、色彩，更多的是因为它们可以激发你超乎想象的创意。我制作了一个美艳的多肉模特和多肉喷泉，最后它们成了后院的明星和朋友们照相的背景。露养的多肉要注意排水、透气、通风，为了还原它们的生活环境，我阅读了大量的资料并进行实践试验，最后成功配制出适合成都多肉生长的土质环境，现在室外的多肉已经成功度夏成为老桩，这是一件令人开心的事情。

　　因为对花草的喜爱，生活中，很多朋友也是因花结缘，彼此相识。就像塔莎奶奶给我们传递的意境一样："用知足的心来生活"，所以我简单我快乐。也有人说"花园就是一面镜子，忠实地反映着主人的性格、学识和审美。"我也相信爱花的人连生活都透着香气！

本花园荣获"辛勤的园丁"2017第三届园丁奖花园组三等奖

我的秘密花园 | 庭院篇

万花筒里有大千世界，
Danny 的迷你花园
—— 花园的样子，应该是主人的样子

图 | 玛格丽特 – 颜、Danny　文 | 李莉

身为设计师的 Danny 把自己的图像缩小放进了花园里,花园就变成了童话世界。

主人:Danny
面积:9 平方米
坐标:江苏常州
花园介绍

如果说 2013~2015 年的花园四季如春,色彩斑斓,那么 2016 年至今的我更喜欢朴素自然的美。花园素材尽量就地取材,一段枯木、一只破罐、一块石头或许我都会当宝贝,将它们摆进花园。有时候幻想自己如果变成拇指人嬉戏于自己的花园那也是别有一番风趣。

"无关形色,也无关枯荣。艺术来源于生活,园艺给了我灵感。"身处花园时,我会静下心面对真实的自己。也会喜欢用镜头记录花园的点点滴滴,花开正盛亦或是花落凋残。

——Danny

Danny 的小花园只有 9 平方米，却布置得丰满生动。

在 2013 年，Danny 有了现在的小花园。

花园中有棵桂花树，是房子初建时由开发商种植的。花园很小，全敞开式，Danny 的目标是做到一步一景且"色香味"俱全：好看、好闻、好吃，所以它必须永远都在变化。如果说以前是在给花园做加法，那么现在更多的是在做减法。

和大多数花友一样，刚刚拥有花园时，Danny 也是个品种控。光是朱顶红、玉簪、酢浆草就收集了好几十个品种，对喜欢的花苗，时常不惜重金买来。他坦言："慢慢会发现，其实并不是所有的品种都能喜欢，也不一定适合自己的花园。"

玉簪是最早疯狂收集的，这是一种多年生草本植物，根盘强大。四十多个品种在小园里，显得极其拥挤。因为叶子宽大，导致密不透风，还出现了烂根的情况。现在花园里玉簪被淘汰了不少，只剩下一些小型的窄叶品种，正好可以搭配灌木，如香

桃木、蓝冰柏、枸骨、枫树等。Danny 还一度为球根类植物着迷，后又偏爱铁筷子，种在不同角落里的铁筷子，目前仅存活一棵，不过长得极好。现在 Danny 每每调整花园，都不会去动它，包括它周围的植物。他觉得，这棵铁筷子已经习惯了属于它的小生态系统。

"种好花要习惯从杀手变成老手。"也是在这个过程中，他逐渐明白：最开始会觉得拥有很多种类非常好，当考虑到整体美感和植物习性时，就会发现真正适合自己花园的植物并不多。

每一个人的花园，都有属于它的样子和特性，Danny 的小花园也不例外。在他看来，一个好的园，主人是否用心非常重要。因为"总结经验很关键。"

为了解决花园偏湿、半阴的现状，他去除掉一些挡光线的大植物，藤本植物则尽量修剪成不占空间

的棒棒糖形。Danny还对土壤进行改良，花园四周做了围挡抬高，解决通风排水的问题。在此基础上重新布置花园，同时考虑花园是否有立体感，植物与植物之间的交错，包括它们之间的关系，花园不再是从前的"土菜园"即视感。Danny说："花园中各个角落的采光、通风、排水或者土壤干湿程度都是不一样的。需要用心去慢慢进行调整，找到每一株植物在花园中的落脚点。"

花园应该是生活的附属品。

Danny从小爱花。小学五年级时移栽过一棵美人蕉，直至搬走那年，依然长得很好。另外还有一盆昙花，也是早些年从邻居家里剪了枝条，培育成功，如今也还在他的花园里。即便高中时就读遍图书馆里所有的园艺书，但通过打理花园，他仍然觉得实践是最重要的。亲手种植不同的植物，能学到许多园艺知识。"花园是伴随着对生活的理解，与自己一并成长的。花园体现的是一种对生活的领悟，把这种情愫寄托在花园上。""以前空余时间较多，时常会在花园里折腾一两个小时。随着生活状态的改变，每天可用于打理花园的时间仅有十几分钟，好打理的花儿更适合现在的自己。"

现在他更偏向一些花灌类的植物，如蓝冰柏、火焰卫矛、金边埃比胡颓子、金边柊树等。特别需要花时间照顾的花草，基本上已被淘汰。"花园不应该主导我们的生活。如果因照料花园让自己筋疲力尽的话，就会得不偿失。"做花园，需要撇弃一些东西，这是Danny的观点。爱花之人通常会喜欢很多品种的植物，假若花园中色彩缤纷，很容易会显得杂乱。以某个颜色作为某个季节的主题色是不错的选择：如紫色配浅粉色、或是与白色相搭。

左图：矾根和铁线莲的花境。
右图：龙舌兰系列。

我的秘密花园 | 庭院篇

花园融于生活本身，就会有特色。

万物有灵且美，石头、枝条、木棍等，全都是他花园中的宝贝。家住江边的他，总是会在散步时发现各种好物。比如，Danny 从江边挖了苔藓放置在从江边捡来的枯木中，又种上龙舌兰，便有了一盆颇有特色的作品，得到大家的一致好评。还有拣到的一个竹根，掏空其内，种上蛇莓，春花夏果也另有风味。

尽量运用原生态的手法去布置花园，是 Danny 更倾向的方式。"一根枯枝上绕几束花，或是任由铁线莲爬于枯木，都可以呈现一种美。"

平日里他喜欢去观察去琢磨，也乐意到山野采风，从中找到共性和灵感。因为不同的地域适合生长不同的植物，Danny 也越来越偏向选择当地植物种在花园中。如今，Danny 的花园呈现出一种自然朴素美，这也是他目前最心仪的花园样子。

上图：刷成蓝色的鸟屋分外醒目。
下图：羽扇豆和花毛茛的花境。

龙舌兰仿佛使枯木重新焕发了生机。

Danny 的花园秘笈

花园布置小建议：

1. 选择本地植物
尽量选择一些当地全年气候的品种，不仅好养，也可以保证花园一年四季的美。比如路边的一丛地丁，种植在自己花园中也是很好的选择，既好看又可以当做覆盖物。建议少种热带植物。

2. 植物和昆虫
这个分两种情况：一是容易被虫子吃的植物要尽量少选择，比如月季；另外一类是种植一些吸引成虫的植物。春天里的郁金香、洋水仙，冬天的三色堇、紫罗兰，夜间开花的夜来香等。蜜蜂在花开时来采蜜，花园分外生动。

3. 用好光线
如果常去山里，就会发现很多植物喜欢阴凉的地方。所以种植几株落叶的灌木或者乔木，下面种上铁筷子或虎耳草，当阳光穿过叶子缝隙洒下来时，整个小空间显得丰富多彩。

我的秘密花园 | 庭院篇

五年时光换来我心中的桑园

图 | 玛格丽特 · 颜、小金子　文 | 秦桑

每一个花园园丁都曾怀有一个花园梦想，儿时经常到隔壁张阿姨家去看她的花，有菊花、大丽花、鸡冠花、指甲花、太阳花等，而我最喜欢的就是太阳花。张阿姨给过我一棵小小的太阳花，当花儿盛开在简陋的罐头盒子中的时候，一颗热爱园艺的种子也在小小的心里扎下了根。

主人：秦桑
面积：270平方米（前花园）
　　　　350平方米（后花园）
　　　　10平方米（车位侧花园）
地点：四川成都
花园介绍
花园分为前花园、后花园及右侧车道，除去右侧车道以及后院长廊茶室，实际面积约600平方米。

爱上园艺，就是一种生活态度，也是伴随人生之路的一场修行，让我们在纷杂的世界中找到可以融入自然的一个切入点，和自然相伴，感受四季轮回。花开花谢终有时，有爱相伴，幸福就会永远不老！

——秦桑

私密性很好的后花园是家人们放松的伊甸园。

我的秘密花园 ｜庭院篇

左上图：幸福的鸭子一家在鸭爸鸭妈的带领下正在草地上春游呢。
左下图：远处就是菜园，花园里的有机蔬菜基地。
右图：酢浆草镶边的花园路，是连接家和远方的桥梁。

时光飞逝，那颗热爱园艺的种子，遇见合适的阳光和温度就发芽成长了，感谢生活给予我的厚爱，2012年我终于有了一个属于自己的花园——桑园。

亲手设计打造出来的院子，一开始看起来有些单薄，因为各种植物都是从小苗开始养起的。我喜欢看着它们在我手里茁壮成长，看它们发芽、生长、开花结果，甚至凋零。花园生活就像一场修行：不急躁、耐得住寂寞，选择适合院子风格的植物进行配搭。世上好看的花儿那么多，不是每一种都适合种在自己的花园里。

按照植物的生长规律，施肥、修剪、管理，然后就把一切交给时间。三年后的桑园才渐渐丰满起来，逐渐长成了我想要的样子。

花园的整体情况

花园分为前花园、后花园及右侧车道，除去右侧车道以及后院长廊茶室，实际面积约600平方米。

花园的特点：前后花园均为长方形。由于是坡地，后花园与邻居交界，邻居院子地平比桑园高了将近1.5米，考虑到后花园的私密性，因此将花园围墙栅栏加高，实际高度约3.5米。

造园之路

2008年拿到房子，就开始泡书店、上网收集各种与花园相关的文章，泡各种论坛。做了3年的准备工作，心中大体有了花园的风格以及设想。

2011年开始装修房子，同时也开始花园的设计工作，找过几家花园设计公司，都无法体现我对花园生活的理解，后来便干脆自己设计。

想要恬静的生活，理想中的花园要清新、干净、温暖；要有鱼池、草坪、秋千、花果树木；院子栅栏边种满月季，四季有花看；还能吃上自家菜园的各种时令蔬菜。基于这些想法，便勾勒出了院子的设计图，为了搭配美式乡村风格的房子，花园也设计为乡村风格。在植物的选择上，根据成都的地理位置和气候特点，尽量选择适合本地生长的花草植物，最大限度地保留原来开发商种的树木。

（左页）
左图：粗放管理的普货多肉，也是心头之好。
右图：推开通往后院的老榆木门，就进入了一个小小的园艺世界。

（右页）
上图：后院的月季墙是桑园的标志之一。
下图：前院栅栏外，桑园的风景从这里开始。

有花有果的前花园

为了让花园有更充分的缓冲空间，户外和户内的花园有区分，花园的三面各向内退1.5米，用白色塑钢栅栏围起来，围栏外做植物花境，避免了花园与外围的生硬分割。花园门在正中靠右的位置，入门路径设计成有侧枝树干的形状，园路用透水红砖铺成，通往室内及花园各花境部分。

水龙头被安排在院子右侧，由于原来自然有的坡度房屋部分就比较高，排水选择自然排的方式，不再设排水孔。前花园朝南，原位置保留开发商种的3棵树：桂花、香樟、银杏，同时在院子中补充了玉兰、樱花、柚子树，樱桃和水蜜桃各一棵，有花有果。

由于房屋下有架空层，还有约半米的屋檐遮挡，保证了不淋水，正南向的位置阳光非常好，特别适合三角梅的生长，我选择了两棵三角梅，一棵大红色，一棵紫色种在这里。同时南面的房屋墙边上选择了特别能攀爬的红龙以及奥斯汀的经典藤月——'玛格丽特王妃'。花园周围的白色栅栏，则种上了'熏衣草花环''欢笑格鲁吉亚''黄金庆典''粉色达芬奇''西方大地''詹姆斯高威''佛罗伦蒂娜'等爬藤月季。

院内的栅栏边上用鹅卵石围了长条型的花境，种植了无尽夏、铁线莲、金鱼草、飞燕草、石竹、垂筒花等。

过渡区的侧花园

这里是停车位，也是从室外通往后花园的必经之路。在左侧靠近车库位置利用垒花境剩余的片石建了一个小小的岩石肉园；右侧与邻居交界处有大约20米长0.5米宽的一小块空地可以利用，这里是无尽夏花廊，上部栅栏上爬了两棵 '樱霞'一棵'自由精神'一棵风车茉莉。

我的秘密花园 ｜ 庭院篇

功能为主的后花园

后花园朝北，但房屋只有两层，几乎对阳光没有什么影响。保留开发商种的一棵桂花树。花园路选用透水红砖，和前花园一致。在廊架前的位置布置了有过滤系统的锦鲤池，大池外的一圈水道种上水竹、铜钱草、睡莲、醉鱼草等湿生植物，还养了两只乌龟，久而久之自然生长了小鱼虾，形成了自然生态系统，保障了鱼池水的清亮，鱼儿能够健康生长。后花园在设计上还增加了功能性的布置，左上位置做了狗屋和工具房；紧挨着狗屋则为菜园，菜园边上用白色塑钢栅栏做隔离，进行区域划分的同时，也防止狗狗调皮捣蛋随意对菜园进行践踏。菜园随四季的变化种满各种蔬菜，让家人可以享受到健康绿色的生活。

后花园给水点两个，一个在院子左侧，一个在右侧。排水孔有4个，均布在花园中，能够满足暴雨来袭时花园的排水要求。

为了让花园更有层次，右上位置设计成坡地形式，这里是果树区，栽种了杏树、李树、碧桃。果树区缓坡下来，是后花园最醒目的位置，设计了一个花境：靠墙2米的花架上藤月 '本杰明' 婷婷玉立，前面依次种上毛地黄、飞燕草、金鱼草、玛格丽特、夏菊等。边上的草坪处放置了一把白色的秋千椅子，两边各一棵 '欢笑格鲁吉亚'，春天爬上秋千的 '欢笑' 和花架上的 '本杰明' 竞相开放，也惊艳了彼时的花园时光。

桑园里的大草坪

除开院路、花境、果树区、菜园区、工具房区、狗屋、锦鲤鱼池、硬化部分，前后花园大约有300平方米的草坪。就像一幅精美的画卷，草坪就是其中的留白。

很多花友都觉得草坪很难打理，容易滋生杂草，我选择的是适合成都地区生长的 '台湾二号'，强健易打理，一年约修剪4~6次。

关于杂草问题么，勤快点，见着杂草就清理，两年后基本就不怎么长杂草了。很多花友看见喜欢的品种都忍不住想种，但花池有限，种花的空间总是满足不了对很多品种的追求，需要忍住在院子里随便乱种的冲动，300平方米的草坪面积得以保留，桑园因此还是当初那个清新干净的院子。

后院的锦鲤池，水清鱼欢，已经形成了自己的生态系统。

春来秋去的桑园五年

为了让花园更有生机,家里还养了两只狗和一只猫。三兄弟在院子里或撒欢地奔跑,或懒洋洋地晒太阳,有时候也调皮地踩踏我的花花草草,少不了挨顿批评,时光就这样在不知不觉中迎来春夏送走秋冬,一晃已是5年!

5年的园艺生活,风吹日晒,虽然黑了皮肤,粗糙了双手,但从中得到了很多快乐!也让自己从当初的园艺小白成长起来,慢慢变得成熟、淡然。不再刻意去追求什么新品种,只会想选择的植物抗病性、生长性如何,是否适合栽种的环境,各种花境的配置是否尊重了植物的生长个性,同时又兼顾观赏性。也会有选择地布置些花园杂货,让桑园有自己独特的个性,而不是一个杂货园艺店。

小区的邻居们越来越多地加入到园艺生活中来,我们一起交流园艺心得,还成立了小区的花友群,一起享受种植的乐趣,笑看花开花谢,从此我们彼此的人生旅途有了志同道合的邻居伙伴!

秦桑的花园秘笈

秦桑的前花园花境的布置:
1. 花园外左右两边用鹅卵石围了两个花境,选择的植物是毛地黄、松果菊、天竺葵、美女樱等多年生草本植物,高低错落,不同季节绽放着绚烂的花儿。
2. 院内围绕桂花树,用石片垒出了S型花池,种下耐阴的无尽夏、百子莲和矾根。
3. 院内用陶盆种上各种时令草花,分置于花园各处,一年四季都有花开。
4. 前院还有两个月季拱门,一个在前院门廊外,一个设在右侧园路的中间。选择了'光谱''大游行''天路''粉伍德'等爬藤月季。

上图:前院主墙配以红龙和王妃以及红色三角梅,惊艳了春天的时光。
下图:后院的月季拱门,开花性好的朱红女王在这里独领风骚。

或许我的花园不够繁花似锦、或许我的杂货也不那么珍贵稀奇，但不足一年的时间，院子的变化足以告诉大家：生命不息、折腾不止，放手去尝试，你心里的院子终有一天会破茧成蝶。

——Coco

一载美了你的容颜
——记 Coco 的杂货小院

图文 | Coco

左页图：餐桌风情。

主人：Coco
面积：80 平方米
坐标：江苏苏州
花园介绍
2015 年萌生了改造院子的想法。2017 年正式开始了院子的大规模改造。2018 年，那场期盼许久也如约而至的大雪，让我的院子更完整地经历了四季的检验。

上图：如果说春天是世界写给四季的情书，那么早春的球根必是情书上最美的文字。

下图：逐渐淡出人们记忆的黄酒缸在花园里找到了自己的一席之地。

  大家记得杨丽萍鲜花萦绕、小鸟围落的照片吗？2015年在网上看到杨丽萍在云南的家，满院的大红色藤本月季，她静坐其中，一袭白衫，利落的发髻，身上散发出的与世无争与淡然深深地印刻在我心里。家里不正好有个院子吗？虽然围墙高，硬化多，都是打造美院的大敌，但改造院子这个想法从此在心中落地生根。

  起初求助朋友圈，试图寻觅庭院设计资源，无奈效果甚微，家庭园艺设计并不普遍，只好搁浅。但空闲时光，我总爱去花木市场逛一逛，置身花的海洋，就仿佛能看见院子未来的模样。

  最先购置的是'安吉拉'花苗，心中总有一面月季花墙，这样院子才完整，刚接触种植那会，除了满腔的热血，对植物的生长习性一无所知，唯一的原则是放在哪里更美。于是'安吉拉'的花墙被安置在了正对房子大门的南墙内，南墙内其实是冬天严重缺光的地方，这已然成为一处败笔。所幸'安吉拉'底子好，春天开花的表现还将就，冬天给了重肥，下了鱼肠、覆了堆肥，希望春天依旧好看。如果表现不佳，这面花墙会考虑换成风车茉莉等稍耐阴的藤本植物。

2017年春天，天气渐暖，那颗骚动的心终于按捺不住，我正式开始了院子的大规模改造。

院子大概80平方米左右，三侧都是高高的围墙，除了西侧有一块15平方米的种植区外，其他全是金山石的硬化地面。改造首先从种植区开始，种植区域内有两棵3米多高的桂花树，下方是毛杜鹃和草坪。一旦作出了决定，人也变得风风火火起来，铲掉了所有植物，铺了汀步，做了花境。以绣球为主角，配以当季草花和观叶类的植物，不至于太多维护，四季也都有看点。

这一区域光照不够，可我最爱的月季无处安放，果断将种植区域往外延伸，形成了一块盆栽区域，为了弱化石头的坚硬质感，铺上了户外地板，用拱门隔绝造就小片的私密空间。

左图：屏风的加入提升了花园的私密度，也增加了装饰的立面，使花园更富层次。
右图：装一盘泥土，半埋入风信子，土面上覆盖苔藓，也可插入蜡烛点亮生活。

我的秘密花园 | 庭院篇

左图：连续的阴雨天气是挖苔藓的最佳时期，小桥边、河两岸，树丛下……只要你留心，到处都是宝藏。

右上图：花园里布置一张长椅吧！花园是心灵休憩的场所，而长椅便是观赏花园的落脚处。

右下图：杂货也是花园必不可少的部分，让萧瑟的日子明亮起来。

随着对园艺的越来越痴迷，我加入了很多花友群，见识了很多优秀的花园和露台，也越来越清楚地知道功能划分对一个花园的重要性，了解到摆放层次对视觉产生的影响，于是便将院子未开发的硬质地面区域再次设计，划分成了廊架区、休闲区和屏风主题布置区。廊架区6月开工，和那时的天气一样如火如荼地施工着。考虑到整个院子春夏秋冬四季的平衡，在植物相对萧条的冬季，杂货可以为之增色，廊架区也就被各种各样的杂货充斥着；休闲区的老榆木长桌是去旧木市场淘的旧门板，自己设计样式让木工制作而成；屏风区在入院门的右侧，做为空间的隔断，不至于让整个院子一览无余，屏风前的小桌可以根据喜好及节日布置不同的主题风格。

院子逐渐丰满了起来，喜欢下雨天坐在廊架下的摇椅里，看着雨滴顺着架沿滴落；喜欢在明媚的日子为家人准备丰盛的家宴，一起共享天伦；喜欢在惬意的午后邀上三五好友喝茶聊天，阳光透过斑驳的树阴，温暖着每一个角落、每一粒尘埃；喜欢把亲自栽种的鲜花剪下，插到花瓶里点亮生活的细碎。院子俨然成了生活不可或缺的一部分，每天上班前，走在院子里，总要巡视一遍才能心满意足地出门；下班后更愿在院内徜徉，释放一天的疲累。周末的日子，变得异常忙碌，女儿是我得力的小助手，一起去河边挖苔藓，拎回满满一篮；修剪下来的枝条帮我剪碎了喂堆肥箱；种植换盆时拿着铲子有模有样地帮我覆土；还时不时充当摄影师，得意地问："妈妈，我拍得好吗？"

左页图：雪一片一片落下，压弯了枝头，覆满了桌椅，有些飘落地上融为雪水，坐在红色的摇椅上，将一切尽收眼底。
右页图：喷雪花枝条上的白雪，让其名字更为传神，和春天开花时节媲美也毫不逊色。

  2018年，那场期盼许久也如约而至的大雪，让我的院子更完整地经历了四季的检验。早上醒来，拉开窗帘，发现整个院子已经披上了厚厚的白色毛衣。我迫不及待奔下楼去，完全忘却了寒冷，想把小院的第一场雪毫无遗漏地记录下来：喷雪花飘逸的枝条上压满了积雪；云杉上的松针也因白雪变得温柔；郁金香在白雪的覆盖下探出了头，唯美浪漫。何其幸运，在造园的第一个年头，撞见了江南十年一遇的大雪。

  院子虽小，却能隔离尘世喧嚣；方寸之地，足够挥洒悠然惬意。这是院子赋予我的心灵慰藉，而种花植草也给我带来了很多乐趣。在了解了植物的生长习性和养护要点后，一切都那么运筹帷幄。看着植株发芽、生长、冒蕊、开花、成熟、掉落，就像打理小院一样，没有捷径，是自然而然的状态。学会等待，不急于求成，方得灿烂。

我的秘密花园 ｜ 庭院篇

从我的偶像塔莎奶奶身上，我看到爱园艺的人必然爱生活，岁月可以侵蚀我们的容颜，但无法磨灭我们的浪漫情怀，更不会改变我们那颗永远年轻的心。

——心妈

樱花小院折腾记

图文 ｜ 心妈 - 朱红

园名：樱花小院
主人：心妈
面积：200 平方米
坐标：江苏苏州
花园介绍
每年 4 月初，红砖小路旁的樱花树，一条粉色花瓣路呈现在眼前。这梦幻的场景如此浪漫！樱花让大家爱上我的花园，樱花小院的名字也就顺势而得了。

爱上园艺

一个人有了爱好，生活就会变得有所不同。比如我，随着年龄的增长和生活角色的改变，爱好也在不断地变化着。学生时代爱手工编织，女儿出生后，是我编织的黄金时段，慢慢地女儿长大了，生活和工作的忙碌让手工编织渐渐淡出了生活。

直到2012 年的春天，遇到园艺界的老前辈高老师，她给了我藏花阁的邀请码，又带我去了宁宁的露台，看到满露台的欧洲月季、铁线莲、日本枫和各式草花，那种震撼至今依然记得，回来我就一头扎进了藏花阁。对于一个园艺菜鸟，那里仿佛是个宝库，我徜徉在这个园艺知识的海洋里，如饥似渴地将大神们的帖子一篇篇看过来，边学习边实践，播种、假植、配土、施肥、打药……这一个个原来陌生的名字，慢慢变成了耳熟能详的日常。

右页图：樱花小道全景

我的秘密花园 ｜庭院篇

花园圆梦

2013年的春天,是我第一个收获的季节,播种的各种草花华丽丽地开放在我小小的阳台上,高老师带着一拨花友来了,大家的赞美是对我这一年来学习成果和辛苦付出的最大肯定,花痴的热情更是与日俱增,深深地觉得小小的阳台空间已无法施展我宏大的园艺梦想。

幸福总是来得太突然,一次家庭会议之后,老公宣布决定:卖掉新区小高层的房子,去装修太湖之滨的新家。我的花园梦从此不再遥远,仿佛就在眼前,触手可及,可是它的样子看起来又是那么模糊不清,那几天我是既兴奋同时又感到惴惴不安,心里一直在问自己:我的花园到底应该是什么样子的?

我开始在藏花阁的邻家花园版块里寻找着一个个美院,细细研究慢慢琢磨,还在我最喜欢的女王的不老阁和玛格丽特的博客里一遍遍地寻找着灵感,把喜欢的图片都存在了手机上,再到还没开发的花园处女地上四处徘徊,未来花园的样子在我脑海里渐渐变得清晰起来。我找到一家园艺公司,把我的想法和手机里的照片一一交给了他们,3个月后,也就是2013年11月花园硬装全部结束,看着这片充满希望的泥土,我信心百倍地走上了一个人的种植之路。

艰辛种植

2014年的早春,东面花坛里的球根们撑起了小院的一片天地,4月初,红砖小路旁的两棵樱花开了又落下,一条粉色花瓣路呈现在眼前。我迷醉在这梦幻的场景里,相机拍啊拍,始终觉得无法真实记录下这浪漫的一刻。从那时候起,我经常能从厨房的窗口看到在我花园里流连忘返、拍照留影的邻居或者陌生人,樱花小路的图片分享到QQ群,微信朋友圈更是听到一片"哇!哇!"的惊叹声。樱花让大家爱上我的花园,樱花小院的名字也就顺势而得了。

球根过后,月季、铁线莲和草花开始灿烂。月季和铁线莲我都喜欢买牙签苗,一方面价格无压力,另一方面觉得自己亲手带大,看着它们慢慢长大的过程是件特别有成就感的事情。刚买回来的小苗我让它们在花盆里呆着,等它们长得足够强壮后才下地。当然草花可以从花市买大苗,直接地栽来得方便,也很快能出效果,玛格丽特、白晶菊、蓝目菊、花毛茛、

（左页）
上图：爬上了西侧阳光房的粉木香。
下图：南露台的粉色龙沙宝石拱门。

（右页）
南侧花园的入口处。

楼斗菜……这些都在东面花坛里热热闹闹地开了起来，那时候的标准其实真的很低，觉得种下能开花就特别开心了，也不会考虑太多色彩高矮形状的搭配，总之五彩缤纷就觉得非常好看。

春天的喧闹之后，6月的梅雨季节来了，江南连绵的阴雨和湿热，很多草花都耐不住水湿而悄悄地走了，接下来又是可怕的夏天，暴晒还有病虫害让我的花园陷入一种惨不忍睹的境地，花痴的热情受到了极大的打击，沮丧之余我开始思考如何让我的花园在极端的天气里暂且不说延续美丽，至少能够让植物们能有继续生存下去的基本条件。继续四处寻找着答案，最后我得出以下两个结论：

1. 满是建筑垃圾而且黏性太大的园土让植物很难顺畅地呼吸，改善土壤成了必须完成的工作。

2. 一味地种植一年生草花，不仅需要花费大量的人力物力，花园就如没有框架没有主心骨一样得不到支撑，虽然我花园里已经有了一些乔木，但还需要灌木、宿根、多年生，这些植物再适当搭配一年生草花，花园才足够丰满也才具有可持续性。世上的植物有千千万，适合本地气候，符合自己审美，在自己花园里某个位置和周围的环境及周边植物能和谐相融的才是最佳选择，这其实是花园植物配置的最高境界，需要用很多年的不断学习、总结、实践，慢慢修炼才能达到。

为了验证我这样的想法，我决定对北花园东侧进行改造，2015年3月，改造之旅开启。

我的秘密花园 | 庭院篇

折腾不息

在北花园东侧的改造中我运用砾石铺设了一条蜿蜒小路，植物方面因地制宜地在比较隐蔽的位置种植了玉簪、矾根、绣球等耐阴植物，在日照比较好的位置安放了拱门，种植了藤本月季和灌木月季。北花园东侧在改造之后，当年春天就呈现出了非凡的效果，一年之后，牙签苗下地后的藤月居然就爬满了整个拱门，这给了我更大的自信，让我在日后花园的改造中更加信心十足。

有了一次成功，后面的改造好像都变得自然而然了，微博渐渐成了我开阔视野学习借鉴的最好工具，以后的几次改造，很多灵感都来自某个微博或者其中的一张图片。算上第一次的北花园改造，至今已经历过5次大小改造。

因花而识

自从爱上园艺之后，因此也认识了很多志同道合的花友，大家一起交流学习见面分享，生活平添了很多乐趣。宁宁家的那次花友聚会，让我觉得分享是一件多么美好的事情，所以当我的花园变得越来越让我自豪的时候，我觉得应该和花友们一起分享这份喜悦，同时也能在这样的聚会中听取到别人最宝贵的意见。所以从去年开始，每年的5月初，也是一年中花园最美的时刻，我都会召集一群花友们来我家聚会，一群熟悉的陌生人终于有机会能聚在一起，分享鲜花美食，留下难忘的瞬间，这份美好足够回味很久很久。

心妈的花园秘笈

1. 种植之前先进行土壤改造。
2. 乔灌木的种植需要提前规划。
3. 宿根、多年生、球根和一年生草花相结合的花境配置。
4. 植物种下之前先掌握其习性。
5. 不断学习和总结，养成记录的良好习惯。
6. 注重细节，追求完美。

（左页）
上图：北院东侧以蓝杉为视觉焦点的花境。
下图：南露台是花友聚会的最佳场所。

（右页）
河边的休闲区。

我的秘密花园 | 庭院篇

在园中修行
——走进茉莉花园

图 | 玛格丽特·颜、茉莉 文 | 茉莉

南花园入口。

莳花弄草，修枝理叶，我在与这些不会言语的花草们打交道的过程中，见证着生命的萌发、盛放、凋萎或死亡，再到重生，年年循环往复。最大的感悟，就是放低自己，敬畏自然。

——茉莉

园名：茉莉花园
主人：茉莉
面积：800 平方米
坐标：上海
花园介绍
庭院对我们来说，并不仅仅只意味着闲暇时光，更是向自然学习和认识自己的过程。拥有小院 10 年，也是园艺生涯成长的 10 年，从单纯聚焦植物个体到开始关注整体空间；从简单的收集、堆砌到学会搭配和取舍；从只关心好看不好看到更在意合适不合适……在这个过程中，越来越清晰地了解到什么是自己真正想要的。几年下来对院子做了几次改造，形成了现在的格局。
院子占地 800 平米，环宅一周，南面主花园为简约地中海风与自然式的混搭、西边是火山石花园、北有露台花园和东面的日式茶庭。

我的秘密花园 | 庭院篇

上图：内庭营造出的山野氛围。
下图：休憩平台。

南花园

从青枫掩映下的小木门进入花园，两段复古味的旧红砖花园墙围合出一个小花坛，并将南面主花园分为内外两个庭院，墙内外攀爬着月季、铁线莲以及络石等爬藤植物，墙上的窗洞隐约可见内庭的植物和主建筑，让人禁不住想一探究竟。

身处城市，想念山林。向往陶渊明的"采菊东篱下，悠然见南山"，便利用内庭深挖的园土在南端堆出小山坡及岩石花园，上、下山的石头蹬道旁，遍植蕨类、苔藓、景天等耐阴植物，灌木则以杜鹃、火棘、十大功劳、枫树、樱花等山林植物为主，营造山野的氛围。土坡虽不高，却让我得以居高临下，抬头观"山气日夕佳，飞鸟相与还"，低首见园内的百花静静盛开。

内庭西边为地中海式白墙围合的休憩平台，抬高两个台阶，与主地面形成高差，使院子的格局更有层次感。这个区域留白较多，植物也非常克制，目的是缓和花园的拥挤和紧张感，让整个花园张弛有度。

西边是火山石主题花境。花境呈一大一小两个半月形,以锥形或圆形的深色常绿龙柏、蓝湖柏和蓝冰柏为背景,从高到低栽种着蓝色马鞭草、蓝花荆芥、朝雾、景天属等植物,以火山石覆土,绿色植物和红色火山石强烈的颜色反差带来奇特的效果。北面露台花园为木平台烧烤休闲区,也是家人和朋友户外活动的主要区域。

烧烤炉隐蔽在贴着典雅花砖的操作台下,需要时掀开盖子就可以使用。平台正对一个小天使水景池,白色的景墙在日晒雨淋下形成道道"屋漏痕",充满岁月的痕迹。水池前种植着不同品种的龙舌兰和剑麻,呈现异域花园之感。

欧式的天使水景往东去依次是岩石主题花园和树根露地花园。裸露的岩石有着自然的风化痕迹,岩石与沙砾间生长着多种匍匐地生或岩生植物,如景天、铺地柏、石竹和姬小菊等,岩石的硬朗被缠绕的匍匐地生植物化成了绕指柔。

树根露地里虎耳、蕨类、彼岸花等阴生林地植物覆盖了整个地面,随意摆放的几段树根和枯干,充满天然野趣,仿佛将人带进了旷野山林,并且不留痕迹自然过渡到东面朴素自然的日式茶庭。

住宅西侧的火山石花园。

日式茶庭

尝试了这么多不同的风格，自己用情最深的还是东北角的日式茶庭。我认为，一个花园，除了给人带来视觉、嗅觉等感官上的享受，还应有它的思想、性格以及特别的内涵去触发你的思考和想象，从而引起你内心的交融共鸣。

在日本京都旅行时曾参观过龙安寺、丈庭等枯山水庭，禅宗及草庵式茶庭，或静寂或灵动，或幽玄或纯粹，给我留下了极为深刻的印象。尤其是枯山水庭，庭中的常绿树、苔藓、沙、石等静止不变的元素营造出物我两忘的冥想空间，静默的力量直击人心，给人带来截然不同的精神体验和感受，令人久久难忘。"念念不忘，必有回响"。小宅东北角，约150平方米，原有狗舍一栋，蔷薇数株。前年中秋，两爱犬中一只仙去，狗舍沦为弃屋，原先热热闹闹的人狗嬉戏之地一下显得冷冷清清，遂起改造之意。一日偶得日本枯山水大师枡野俊明所作《日本造园心得》，书中对各类日式庭院的派别、风格、设计和建造过程等有详细地介绍，可谓造园宝典，也唤起了我对日式茶庭的向往。结合东院的地形和环境，查阅了大量的日式庭院资料后，我决定将之改造为日式枯山水与草庵式露地相结合的禅意茶庭。

日式茶庭风格：枯、寂、清、幽

茶庭通过四周的植物、竹篱和围墙围合出一片相对独立和封闭的空间：大面积的砂池与组石，枯寂而又惹人联想；青灰色的主调则营造一个繁华归于沉静和自然朴素的氛围；隐没于墙拐角的"S"型青石小径和向上延伸的飞石汀步都拉长、拉深了视觉效果，使有限的空间，表现出无限的深山幽谷之境，给人以寂静空灵之感。庭院的木结构茶屋里，复古水泥墙上挂着山水画轴和竹筒插花，室内家具茶具古朴素雅，充满侘寂风，与庭中枯淡禅意的枯山水池相呼应。整个茶庭呈现"枯、寂、清、幽"的氛围，让人一进入这个空间，自然就会放慢呼吸与脚步，心沉静下来。

（左页）
绿阴掩映的日式茶亭入口。

（右页）
左图：侘寂的茶室
右图：安静流淌的时光。

日式茶庭改造内容：

1. 地块正中废弃的狗舍南移改为杂货花房，辟出约150平方米的空地。
2. 中间平缓地带为枯山水砂池，置两三组观赏石，似岛似舟，随着人的移动，观赏角度不同带来不一样的观感。
3. 围绕砂池，填土堆坡铺苔，勾勒出自然起伏的山地轮廓，大陆架向海里延伸，形成半岛，海中央圆形岛屿隐隐浮现。
4. 北角建木质茶室，地基抬高呈俯瞰之势，一条狭长的玻璃窗正对庭院，形成天然的取景框。
5. 东边以日式竹篱与邻居相接的珊瑚绿篱隔开，形成一个相对干净和朴素的背景。
6. 南面以两堵平行错开的墙形成隐蔽入口，既隔开前院花房、车道，又有透气之感。
7. 西面靠主宅墙根植修竹两行，铺青石板嵌卵石小路。
8. 一棵罗汉松，几株枫，代表日本的樱花，加上杜鹃、茶梅、南天竹等灌木，或孤植或群栽。靠近茶室处高树密植以最大程度隐去建筑物，远处则疏，留下余白。整个空间张弛有度，疏密有致。

  时光如梭，茶庭落成后已经经历了快两个春秋。晨昏更替、晴雨交移、四时变换，而茶庭依旧。

  从茶室望出去，窗框如画框，眼里的风景和心里的风景互为观照。这样的一片空间，能带给人心灵的抚慰与宁静，同时也让人更多的思考天地万物与人的关系。

  最喜欢下雨天在这里，独坐，泡上一壶茶，听风吹树叶簌簌，看雨落屋檐成珠，诸事不想，快意无边！

围绕砂池，填土堆坡铺苔，勾勒出自然起伏的山地轮廓，大陆架向海里延伸，形成半岛，海中央圆形岛屿隐隐浮现。砂池喻指湖海。

花园的娱乐方式推荐

玩手作： 刚砍下的青竹，做成花器、小水景、文房和茶则。

弄苔： 荫蔽角落里挖一块苔藓，配上蕨类，甚至是院子里自发芽的小枫小樟树苗，都可以成就一个苔藓盆景。

插花： 新鲜剪下的花儿、枝叶，偶尔捡到的一件枯枝，让你随时尝试自然、简约、禅意等各种风格插花。

盆栽与杂货： 各种创意搭配，分布在花园的每一处，让花园更加灵动和富有生活气息。在园中 "修行"的日子，悠长了岁月，安静了时光。

茉莉的花园秘笈

打造茶庭的几个关键元素

竹篱、石、砂池、苔藓：很容易让人在瞬间完成心境的转换，从繁华到朴素，从复杂到简单，从浮躁到宁静。

竹篱笆：整齐密实的竹篱隔开周遭纷繁杂乱的环境，它更像是心灵的一道围墙，营造一个隐秘之境。

石：石头代表亘古不变，给人一种稳定之感和静默之力量。

砂池：砂砾喻指湖海，象征永恒。大面积的沙砾还起到放大空间的作用。耙出的纹路仿若雨落水面的涟漪，也可以是缓缓的海浪，甚至是鱼儿的鳞片。

苔藓：苔藓真的是非常令人着迷的东西，一直在完美和不完美的状态之间转换，那种像死而后生的感觉，令人感慨。

其他：庭院里散置的一些水手钵、惊鹿和石灯笼等庭置，如同跳动的音符，在枯寂与幽静中增添一些意趣。

（左页）
左上：流水增加了静谧感。
右上：北花园的春天。
左下：茶室一角。
右下：瓶花作品。

（右页）
不枯的山水。

我的秘密花园 | 庭院篇

园名：米米花园
主人：米米 mimi- 童
面积：16+35 平方米（院子）、18 平方米（露台）、
3 平方米（阳台）
地点：浙江湖州
花园介绍
米米花园其实不是一个花园，它由 4 个主要种植区组成：16 平方米的南院子、35 平方米的北院子、18 平方米 3 楼露台和不到 3 平方米的 2 楼开放小阳台。米米花园这么多年来一直维持着忙碌的样子，与其说我是一个园艺爱好者，不如说我是一个种植爱好者。

种植爱好者，享受过程带来的快乐

图文 | 米米 mimi—

在乡间长大的孩子，见惯了祖辈父辈春耕秋收，见惯了四季更迭、永不空寂的菜地，见惯了野蔷薇爬满的田边河岸，种在土地里的一切都那么自然地生长着，给予我们最原始的快乐——收获。

——米米 mimi- 童

三楼露台盆栽花园,以铁线莲为主,搭配球根、草花、多肉等植物,营造四季不同的花境。一桌一椅,享受休闲时光。

米米花园这么多年来一直维持着忙碌的样子,与其说我是一个园艺爱好者,不如说我是一个种植爱好者。因为喜爱铁线莲,所以尝试种过的品种有 100 多个;因为喜爱绣球,所以就算夏天会热死也前仆后继地种植;因为喜爱早春热闹的球根,所以每年秋天都要种下一大堆洋水仙、郁金香;因为喜爱的东西很多,所以一直没停下来"享受"过。

我的秘密花园 | 庭院篇

（左页）
上图：南院，固定种植区的铁线莲。
下图：南院，轮作种植区早春的球根。

（右页）
南院，轮做种植区仲春之后的玉簪矾根。

　　一杯茶、一块蛋糕、一本书，在露台上坐半天？NO！刚在露台上放好，坐下享受不到3分钟，我就会开始查看是否有杂草要拔除？是否有盆土要补水？是否有残花要修剪？如果都没有，那也会拿出照相机，开始各种拍：蹲下拍、站凳子上拍、甚至躺下拍。拍完照片后要发微博、发微信、发qq群，于是半天就过完了。花园给予我的快乐，更在于种植的过程，而我的"享受"也来自于种植，来自于分享。对于我来说，花开的那个结果在意料之中，而种植带来的快乐却贯穿始终。

　　米米花园其实不是一个花园，它由4个主要种植区组成：16平方米的南院子、35平方米的北院子、18平方米3楼露台和不到3平方米的2楼开放小阳台。中式庭院小区最典型的建筑风格就是白墙黛瓦和全包围的围墙，即使是朝南的院子，日照时间也非常短。北院的日照更稀缺，一年里有小半时间是一点日照也没有，大半时间有少量日照。日照最好的是露台，基本算得上是全日照了。从2011年房子交付到现在，整整7年的时间，我几乎一直在折腾和忙碌。

　　南院：从最早的以月季、铁线莲为主打，到现在南院已经形成稳定的多种植物搭配。利用盆栽便于移动的优势，按季节来重点展示某一种植物，基本能从每年3月美到11月。目前植物的基本配置可以分为固定种植区、轮作种植区、小苗培植区和朝西墙角区。

固定种植区： 花坛内大花绣球 2 株，大型玉簪 1 株，另有新苗黄木香 1 株，不知是否能长成。屋檐下靠墙一排盆栽铁线莲 7 个品种（'白色高压''乌托邦''白马王子''大河''卡西斯''幻紫'和'超新星'）。

围墙下地栽圆锥绣球（'石灰灯'）1 棵，盆栽乔木绣球（'贝拉安娜'）3 棵，裸土部分肆意生长着一些虎耳草，还有 1 棵连盆埋在地里已经 3 岁半的矾根。花坛与围墙接壤的位置还有 1 棵盆栽的蕨类和 1 盆铁筷子，以及耧斗菜、朝雾草之类零零碎碎的小植物。

轮作种植区： 屋檐下紧挨着铁线莲还放了一排大陶盆，一般秋季种植郁金香、洋水仙等球根植物，到 4 月球根开完后换成玉簪，秋季再将玉簪挖出来用其他盆种植，把球根种下去。一年轮作两批植物，可以让院子持续美貌。

小苗培育区： 南院入户的台阶很宽，台阶的尽头日照比其他位置好，又有屋檐可以遮雨，所以这里是非常适合小苗生长的位置。

朝西墙角区： 朝西的位置现在摆放的几个棒棒糖造型植物，这个位置夏天很晒，需要给绣球撑伞防晒。而角落里的花坛直到今年 3 月之前还是一个旧土堆放区，今年清理出来后栽上了玉簪，搭配几个百合，尝试看看效果。

（左页）
露台上各种观赏价值极高的容器。

（右页）
左图：玉簪耐阴，品种丰富，是极好的花园植物。
右图：小容器种植铁线莲别样的精致。

我的秘密花园 | 庭院篇

（左页）
上图：北院的整体色调是安静美好的。
下图：玉簪和绣球非常适合短日照的花园。

（右页）
朱顶红亭亭玉立的样子总是那么优雅。

北院： 沿着围墙做了一排花坛，墙面上也是防腐木的网格花架。夏季日照4小时左右，冬天基本没有太阳能直射。种植的植物从最初的藤本月季、铁线莲，到现在基本以绣球和玉簪为主。北院植物的配置决定了这里一年只有少许时间是美貌的，从初春3月玉簪萌发，到盛夏绣球退场，之后就要等下一年了。

北院的曾经： 按照月季的生长习性来说，我的北院是不适合大部分月季生长的。2012年1月种下的藤月在2014年和2015年都开出了惊人的效果，大概是因为"站得高望得远"的关系，墙头的日照总比院子内好许多。但2016年这些月季都开始走下坡路，归根结底是因为花坛里有大量的建筑垃圾以及后续肥水管理没有跟上。后院曾经还有一片佛罗里达组铁线莲，'小绿''幻紫''开心果''向阳'蜥蜴的搭配曾经也迷倒了很多花友。但西晒的夏季环境和大量建筑垃圾的花坛也让它们在3年后失去了光彩。

北院的现在： 朝东的花坛内有乔木绣球、大花绣球搭配玉簪和虎耳草，乔木绣球是2018年初种下去的，是否能持续保持良好生长还有待观察，但大花绣球、玉簪都是没问题的。虎耳草则是我种过的所有植物中最有入侵势头的物种了，从几年前的2棵，长成前院后院铺满裸土，冬季不怕冷夏季不怕热，春天还得拔掉一大堆才能给玉簪腾点生长空间。

我的秘密花园 ｜庭院篇

诸草和他的东篱草堂

图文 ｜ 周畅羽

花园：东篱草堂
主人：诸草
面积：500 平方米
坐标：江苏夏溪
花园介绍
在夏溪，总能听到东篱草堂的名字。东篱草堂，坐落在潺潺流水的紫薇桥畔，建于 2016 年 4 月，原址在西太湖湖畔，自去年迁徙过来，只一年不到的时间，就迎来了不少人的驻足和欣赏。

入口的石板路，春天的时候两侧种着三叶草和酢酱草，间或几棵蓝紫色的六倍利和美女樱。给静雅的院子带来了一丝不经意的俏皮。

造一所宽敞、阳光通透的房子，有一个种满各色花草树木的院子，让身心在自然与起居间自由切换，体会身边的花开、雨落、鸟鸣、蛙唱。或是坐在院里，看枝叶低垂，任四季风吹，音响里咿呀放着几首老歌，时光慢到你忘记了看日落。

——诸草

我的秘密花园 | 庭院篇

（左页）
门口的两只石狮子见证着花园的四季变幻。

（右页）
上图：门外东西各一方正鱼池，池边的石岸，都是诸草一块一块亲手铺就。
下图：于细微处见精神。

从旧时代穿越到今天的人

印文斌，号诸草，从事空间、景观园林和庭院设计。可能很多人不知道这位"诸草"是谁，但在夏溪，却总能听到东篱草堂的名字。东篱草堂，坐落在潺潺流水的紫薇桥畔，建于2016年4月，原址在西太湖湖畔，自去年迁徙过来，只一年不到的时间，就迎来了不少人的驻足和欣赏。

观赏之余，细细体会，几乎每个人在此都能进入自然极静的状态，然后闭目享受天人合一的舒畅和精致的韵味。体会罢，再看到"诸草"这个人，便不由自主地想探究一下，他到底是个什么样的人。

诸草，似乎是从旧时代穿越到生活快节奏的今天，从认识他起，就有一种强烈的"格格不入"感扑面而来。其实，这是个真性情的人，孑然天真，与他聊天，看他除草劳作，你便可以细细感受到一种动静结合的节奏韵味，从他的身上缓缓流淌而来。诸草的东篱草堂，没有"庭院深深几许"的幽深空间感，却有种"一花一世界、一叶一菩提"的探究感。院子里的土丘、石墩、荷池、花径、爬满络石的大树，以及那座简朴中透着古韵的房子，由外到内，再从内到深入其中，几乎每一步、每一角、每一景，都蕴藏着他的一番心血，都能深刻地感受到他对意境追求的执着。

他是个对旧时代钟情的人，他喜欢手工，慢慢地做东西。就像他喜欢手绘，喜欢一点一滴将设计的每一个细节，都以跃然纸上的方式呈现。他从小喜欢绘画，却不是科班出生，也未曾拜师。在若干年前，设计师几乎都会信手来几笔绘画，一张张徒手挥就的草图，隐藏着设计师们的灵魂。但现在的设计师，却习惯了用电脑制图，设计图美则美矣，但"复制"成现实，却有种仙境落入人间被糟蹋的感觉。所以，他决定坚持手绘，通过细腻到极致的线条描绘，让设计过程变得更加专注，也以此唤醒我们对传统工作方法的记忆。

我的秘密花园 | 庭院篇

诸草喜欢喝茶，擅长干各种皮匠、木匠、石匠、工匠的活儿。在西太湖时，便喜欢莳花弄草，泛舟戏浪，性子来了画几页工笔，朋友来了下湖捞虾摸鱼弄几道佳肴，春夜无事便在庭院中闲坐，栽一丛翠竹只为观望被浓绿遮隐着的桃花，给人以一派修野狐禅的杂家范儿。穿着一身棉麻衣衫，出行如骑着一乘摩托，不喜出门应酬，但凡有空，便一个人安静地读书，安静地思考，安静地种花，安静地体悟人生与自然的分合。他就这样闲适地在湖畔过了3年。

闻花赏草的心灵憩园

3年，让他有了充分思考的时间。回溯到最初，他的经历来自于90年代，从未间断地从事室内设计、装修及土建项目管理等职业。浮沉20载，经历人生百态，他看得太多太透，他想，是不是该放下一切了？一辈子这么短暂，应该做一些更有意义的事，尤其是作为设计师，如果一味地为迎合客户而设计，到头来有什么意思呢？如果一辈子都忙着赚钱，临终只能用空洞的眼神看着天花板，是一件特别可悲的事儿。人们按部就班地前进，其实大多数人不是没有选择，而是失去了选择的勇气。有了选择，也就有了机缘。在诸多友人的帮助下，2016年7月，他将东篱草堂从西太湖迁徙至花木之乡夏溪，开始开辟他的心灵憩园。

这里曾经是一片河滩，面积约为一亩。他将原有的3棵大树保留，建筑则依势而建，所以，也就不难理解，为什么一棵大树挡在门口，还那么理所当然。整座院落坐落其中，形成一处别有风味的景致。门外的山石、大树、与一对石狮相伴，共同守护着草堂的安宁和自然。

他喜欢光线的通透，所以东篱草堂院内设有的茶室、画室、书斋以及生活用的卧室、厨房，全都阳光漫射。空间虽不大但外延甚大。他没有配备电视，只为最大限度的安静和抽离庸常生活。室内的水泥墙和地面，质朴天然，也是他的喜好。他觉得，当那些青砖旧石经历了时间的洗礼，青苔爬满墙角，树上的络石们缠绕着枝蔓开满了花，那会是建筑沉淀之后的另一种美。

（左页）
上图：苔藓上长出的野草，需要经常清除。
下图：隐于市，隐于花草间。

（右页）
鱼儿在水草间欢快游弋，雨声滴答中，心便静了下来。

（左页）
人这一辈子，除了最基本的活着，还要学会去感受美，创造美。

（右页）
上图：每片叶里，都藏着四季的轮回。
下图：推开门，是另一方高低错落的天地。

院落中的鱼池，方方正正一东一西、一大一小，池边的石岸，都是他一块一块亲手铺就。东边养着数十尾锦鲤，在水草间欢快游弋，西边一池碧荷，于夏日艳阳中娉娉婷婷，姿态葱秀，因风飞舞。院落中的小道，材质是旧石板与青砖，雨天走在上面，让人不由自主回忆起童年时光。庭院不大，处处皆景：挺拔傲气的罗汉松、层林尽染的南天竹和各种枫树、累累垂垂的绣球、高低错叠的大石、小道边蜿蜒曲折的花境、遍地郁郁葱葱的青苔，每一片，都是亲手劳作的结果。

绿树环绕，乐音隐绰，庭院里摆上一套旧石桌椅，两三好友，沐浴阳光，闻花赏草，品茗听风，一心一意，都只为取悦自己。这便是诸草的意境，他把他能想到的、向往的、喜欢的生活，都装进了这个院子，也显露在外，让每一个，哪怕是路过的人，都能感受到。为了让院子更接近心中的状态，他三天两头捯饬，或许，等朋友们下次再来，便又是一番新的景致。他说，这是一种生活态度，人这一辈子，除了最基本的活着，还要学会去感受美，创造美。

认真地种每一棵树，栽每一棵草，一个用心的人，总会把生活过出诗意来。以前翻山越岭看风景，而现在，只要走进诸草的庭院，就有你想要亲近的自然。春有百花秋有月，夏有凉风冬有雪，院子里的每朵花每片叶里都藏着四季的轮回，也藏着生命中的不凡。

　　晚上，透过一丝丝皎洁的月光
　　感受庭院的每一寸景致
　　这里就是诸草的心灵憩园
　　生活不仅仅是苟且
　　更有庭院里的诗意生活和远方
　　的朦胧，以及回归的心动……

215

廊架的应用充分发挥了空间的层次感,也成了朋友们最爱的休息区。

最美不过四月天,
王氏杨二姑娘的小院

图文 | 王氏杨二姑娘

主人：王氏杨二姑娘
面积：40 平方米
坐标：四川乐山
花园介绍
从小爱花，因为爱花园而买了一楼的房子。起初只是随意的种了几棵土绣球、天竺葵，还有蜡梅和枣树。真正爱上园艺，是在认识了一种叫做铁线莲的植物之后，那一瞬间就被它的美迷住了，然后就成了因为铁线莲而彻底爱上了花园的那个人。

每个人心中都有一亩田，每个人心中都有一个梦。而我的梦，就是拥有一个自己的小花园，在房前屋后种满自己喜欢的花，每天与花作伴，与爱人作伴，慢慢变老。

——王氏杨二姑娘

我的秘密花园 | 庭院篇

左图：各种杂货是花园里的另一道风景。
右图：铁线莲是花园里不可缺少的花草之一。

因铁线莲开启的花园之梦

拥有这个小花园的时间其实也蛮长，开始的时候只是简单地做了围栏、花架和一些地面硬化，没有什么规划地随意种了几棵土绣球、天竺葵、两棵蜡梅和枣树。真正开始喜欢园艺是因为一次偶然的机会，那天阳光和煦，我第一次注意到廊架上有三两朵铁线莲花开了，绽放着迷人的光彩。瞬间，我被它的美丽深深吸引住了，就像是一见钟情。从此，爱上铁线莲，也爱上了花园。之后一发不可收拾地入了大大小小20多棵苗，期待来年春天它们能爬满各种藤架围栏，花开满园。

花园整体呈狭长形，园外有条小水沟，周围还有小区的大树与绿化带。一人多高的棕树绿化带正好让我的休闲区有了一定的私密性。廊架下摆放了淘宝淘来的桌椅，这桌椅深得不少花友的喜爱，我还根据不同季节配置了不同风格的椅垫桌布。花园原本是下沉式的，装修的时候在入户花园外做了抬高的防腐木地板。今年春天考虑到了桌椅的避雨问题而增加了花架，顶上盖了透明的阳光板，因此花园有了高低错落的层次感。这个休息区也成了朋友小聚的场所，成了我的花园餐厅，更是成了我喝茶聊天或读书发呆的秘密花园。

桌布，抱枕让花园更加柔美温馨。

最美不过四月天

　　四川的春天，应该是来得比较早的吧。园丁这时候又开始忙碌起来，每天清晨伴着鸟鸣起床，披头散发冲向花园，总是以为经过一夜，那些花姑娘们会给园丁带来多大的惊喜。而后边巡花边拍照，还自言自语、嘀嘀咕咕地念叨着：这朵开得好那朵开得艳。花儿们也像是听懂了园丁的语言，格外灿烂了起来。

　　当然，这时候熊孩子们也醒了，比园丁更忙碌地在花园里来回乱窜，沉睡了一夜的花园又变得热闹了……

　　都说4月是最美的时节，是欢闹的时节。"最美不过四月天"是种花种梦种希望的时节。风信子、银莲花、龙面花、矮牛、杜鹃、瓜叶菊、四季报春等，在这乍暖还寒的季节里竞相绽放。

　　每天的日常里，一定还有拍照拍花拍自己拍熊孩子，园丁总是想把这欣欣向荣、欢闹非凡的景象永远定格在那一瞬间。

爱恨交织的园艺生活

园艺生活也常常让人爱恨交织,深陷其中而欲罢不能。一旦你爱上了它,你就会忘了自己。烈日当空的炎夏,园丁仍不辞劳作在园中。我常常想,如果没有园艺,我的生活会是怎样?每天就平淡乏味地消磨时光吗?是园艺打开了我的视野,因为园艺,我学会了很多知识:知道什么是泥炭、珍珠岩、椰糠;知道月季是药罐子,如果不定期护理,休想它开美花给你看。当然,阳光对一切植物来说都是非常重要的,而我的小花园属于半日照条件,我边养边观察,什么样的品种适合我的花园,什么不适合,然后慢慢淘汰。再美的花如果不适合我的花园环境我也不会强留,毕竟物竞天择、适者生存嘛。如果一个园丁对她的花园,倾尽了思想与灵魂,花园一定会有它的独到之美。

左上图:多肉的美让多少人又爱又恨。
左下图:调皮可爱的爬烟囱小人也在我的花园。
中图:白色模特架增加了空间立体感。
右图:透过拱门看花园。

赋予花园之灵气

　　一个花园不仅仅花养得美，更重要的是要赋予它灵气。各种杂货饰品是花园不可缺少的，而宠物和熊孩子们更是花园里的一道亮丽的风景。因为他们，花园变得更加灵动有生机，尽管偶尔会去园里捣乱、追赶一下喵星人，冷不丁也会踩踏花草，但是当你看着他们欢快的身影，嘴里骂着，脸上却不由自主地洋溢开了笑容。

　　流浪猫玳瑁则是花园里的新宠，今年8月初，它跟随另一黄猫经常溜达到我的小花园。当时我就告诉它们：如果有缘，我会为你们提供一个温暖的、可以遮风避雨的家。结果这家伙特有灵气，从此以后厮守相伴，再不离开。你在哪里，它定在不远处守着，时不时逗逗小鱼，或来蹭蹭我的手，撒娇打滚；你唤它一声，它定回你一声 "喵"。有一天还去捉小鸟，衔回来送给我，据说猫这样的行为是为了报答主人对它的爱。没有养过猫狗的人可能无法理解它们，我却能读懂它们的表情和特殊的语言：它们因为遇见我而幸福，而我因为有它们而更快乐……

　　曾经看过一篇文章说：一个人生活品质的改善，并不需要多少钱来堆砌，更与地位无关。只要你对生活不将就，就能把日子过成诗，不是生活决定品位，而是品位决定了生活。而爱园艺的人，一定是个热爱生活的人。

赤足园中，只闻花香

　　有人说爱花的女人美丽，养花的女人聪明。尽管过了如花的年纪，我还是希望自己能做个既美丽又聪明的女人。这个春天，注定是一个不平常的春天，因为花，有了我生命中不凡的际遇，结识了很多志趣相投的朋友。因为花，一个人在花园呆一整天也不会觉得寂寞，可以做着花事，想着心事，任时光静静流淌……

　　阳光温暖的午后，偶尔约上三两知己，一壶茶、一碟水果，只闻花香、不谈喜悲。亦或一个人读书发呆，看花开花落、云卷云舒，直到暮色西沉。

本花园荣获"辛勤的园丁"2017 第三届园丁奖花园组二等奖

（左页）
上图：流浪猫玳瑁爱上了这个花园，从此这里成了它享乐的天堂。
下图：工具房不仅具有收纳功能同时也有很好的装饰作用。

（右页）
绣球花，初夏花园里最美的主角。

欢迎光临花园时光系列书店

中国林业出版社天猫旗舰店　　　花园时光微店

扫描二维码了解更多花园时光系列图书

购书电话：010-83143571